安徽省高等学校省级质量工程教材建设项目

金工实习

主　编　刘树龙

副主编　马清峰　朱　旋

编　委　宗桂林　赵　鑫　苗曙光　石林爽

于力刚　周乾坤　高　超

张京爱

中国科学技术大学出版社

内 容 简 介

本书紧扣金工实习（工程训练）课程教学大纲，面向理工科院校非机械类本专科生创新人才培养需求，以“基础传承+前沿拓展”双轨架构为核心，系统解析传统机械工艺，融合数控加工等现代生产技术，通过“理论—实践—创新”三阶递进模式，强化工程认知与创新能力培养，同时融入工程伦理与创新价值观，全面提升学生现代化工程素养。

本书兼具教学普适性与行业实用性，既可作为电子信息、材料科学、工业设计等非机械类专业的工程实训核心用书，亦可为机械工程教师教学改革、企业技术人员技能进阶提供参考。

图书在版编目（CIP）数据

金工实习 / 刘树龙主编. -- 合肥 : 中国科学技术大学出版社, 2025. 6. -- ISBN 978-7-312-06306-0

Ⅰ. TG-45

中国国家版本馆CIP数据核字第2025BX4039号

金工实习

JINGONG SHIXI

出版 中国科学技术大学出版社
安徽省合肥市金寨路96号，230026
http://press.ustc.edu.cn
https://zgkxjsdxcbs.tmall.com

印刷 安徽省瑞隆印务有限公司

发行 中国科学技术大学出版社

开本 787 mm×1092 mm 1/16

印张 8.25

字数 204千

版次 2025年6月第1版

印次 2025年6月第1次印刷

定价 28.00元

前　　言

“金工实习”是教育部《普通高等学校本科专业类教学质量国家标准》规定的核心实践类课程，是机械类、近机类和非机类工程专业高等教育必不可少的教学内容。

“十四五”时期，我国改革开放和社会主义现代化建设进入高质量发展的新阶段，加快发展现代产业体系、推动经济体系优化升级已成为高质量发展的核心、基础与前提。制造业是国家经济命脉所系，习近平总书记多次强调要把制造业高质量发展作为经济高质量发展的主攻方向，促进我国产业迈向全球价值链中高端。“金工实习”的教学模式是一种具有我国特色的工程实践教学模式，已成为培养学生理论联系实际，为后续专业课程学习建立感性知识基础，培养学生工程素质、实践和创新能力，建立大工程概念的重要教学环节和有效途径。近年来，各高校对工程训练教学基地给予了高度重视与投入，使其拥有了前所未有的、极为丰厚的教学资源。同时，随着我国由制造大国向制造强国迈进，制造业由传统制造向智能制造转型升级，以及新工科和工程类专业认证等的发展，相关教材也要与时俱进，以满足这些需求。本书就是遵循这一指导思想，在总结多年教学改革成功经验的基础上，结合教学实践和学科发展编写而成的。

为提高教材质量，本书对加工设备的介绍，以外部结构、作用和使用方法为主；对加工方法的介绍，以操作过程和操作技术为主，以体现实践为主的原则。对近年来应用日益广泛的数控加工技术做了精选介绍，以适应机械制造技术发展的需要；在内容编排和叙述方法上，贯彻由浅入深、循序渐进的原则，不仅注重学生观察现象、独立思考、分析问题和解决问题能力的培养，而且注重学生工程实践能力和创新思维能力的提高。

本书由淮北师范大学刘树龙担任主编。参与本书编写的还有马清峰、朱旋、石林爽、苗曙光、宗桂林、赵鑫、高超、闫萍、张京爱、于力刚、周乾坤。由于水平有限，书中难免有错误或不足之处，恳请读者提出宝贵意见，以便我们及时改正。

编　者

2025年1月

目　　录

项目1　数控车床对刀操作

【项目目的】

1. 熟悉数控车床的基本操作方法。
2. 初步了解数控车床的对刀方式。

【项目内容】

通过连接各元部件使车床正常工作。手动操作车床移动，安装工件与刀具，并进行对刀操作。

【项目设备】

1. 综合实验台(一台)。
2. C00057数控车床。

【项目步骤】

1. 开机回零

(1) 打开实验台电源，等待系统开机完毕。

(2) 按“机床零点”键，进入车床回零操作方式，页面的最下方显示“机械回零”字样。

(3) 首先让Z轴回零，此时点击⇨键，让Z轴先回到机械零点。

(4) Z轴回零完成后再按下⇩键让X轴也回到机械零点。

(5) 车床沿着车床零点方向移动，经过减速信号、零点信号检测后回到车床零点，此时轴停止移动，回零结束指示灯亮(图1.1)。

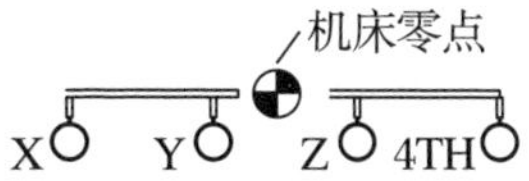

图1.1　回零结束指示灯

2. 安装工件

当各轴回零完成后可以安装工件于分度头/卡盘上。

(1) 首先把工件安装于卡盘中，如图1.2所示，工件伸出的长度要大于实际加工总长，使用卡盘钥匙把工件稍微锁紧。

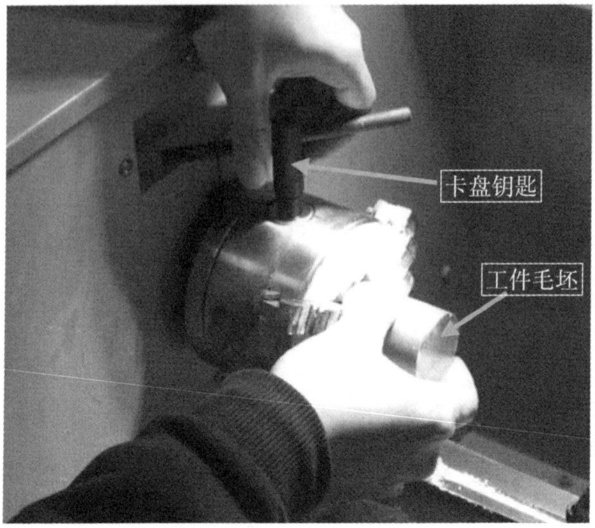

图 1.2　材料放入卡盘并稍微锁紧

(2) 将卡盘钥匙拔出，手动转动卡盘至下一个卡盘钥匙孔处，然后再稍微用力锁紧工件(图1.3)。

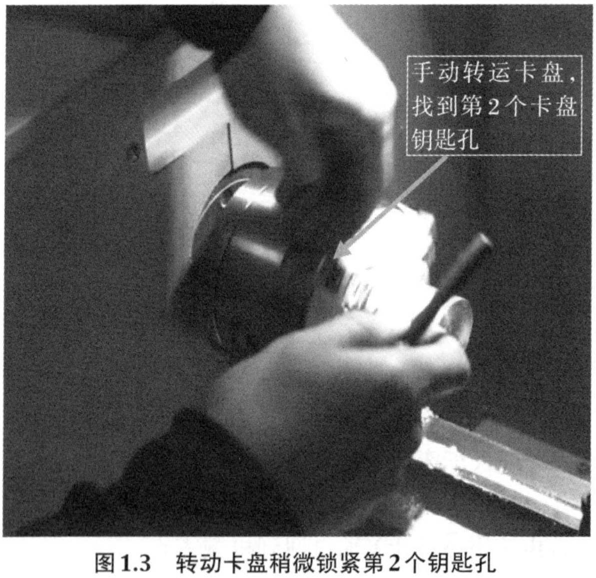

图 1.3　转动卡盘稍微锁紧第2个钥匙孔

(3) 使用同样的方法，找到第3个钥匙孔，再稍微锁紧工件。

(4) 最后回到第1个钥匙孔，用力锁紧工件，然后去到第2个钥匙孔再用力锁紧工件，最后到第3个钥匙孔，用力锁紧工件。

(5) 锁紧工件后进入系统界面，按下“MDI”键，使用录入方式，在系统位置界面处输入转速指令M3 S500，随后按下输入“IN”键启动主轴转动，如图1.4所示。

(6) 主轴旋转起来后查看工件是否晃动，如果工件晃动厉害就按下复位“RESET”键，停止主轴旋转，松开工件再次装夹；如果工件晃动不厉害，则可以按下复位键停止主轴，进行下一步操作。

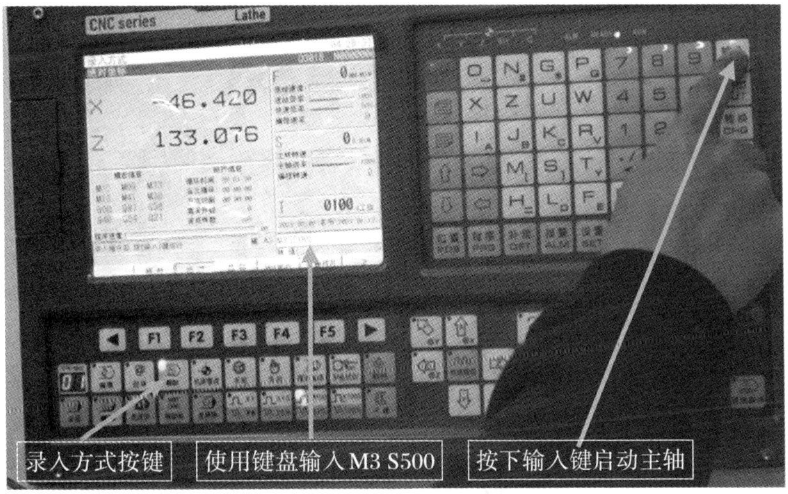

图1.4　系统面板输入转速

3. 安装刀具

(1) 按下系统“手轮”按键,使用手轮将已回零的Z轴移动回来,如图1.5所示。

图1.5　手轮移动Z轴使刀架往卡盘方向靠方便装刀

(2) 按下系统“换刀”按键,使刀架转至1号刀位,如图1.6所示。

图1.6　刀架转到1号刀位

(3) 拿出车刀与车刀垫片，将垫片垫放在车刀底下，然后将它们一起放进刀架内，我们使用的是10 mm×10 mm的机夹车刀，需要在车刀底下垫放3张0.5 mm厚的铜片或者铁片，注意不能使用纸皮或者其他软性材质垫放(图1.7)。

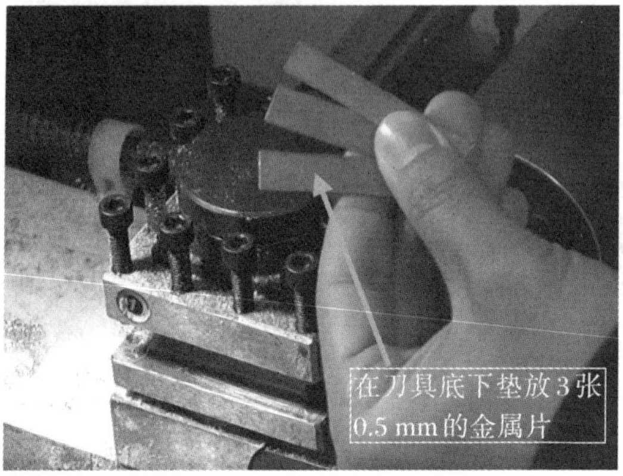

图1.7　准备垫片垫高车刀

安装车刀时，使车刀往外倾斜适当角度即可锁紧刀架螺丝，如图1.8所示。

图1.8　锁紧车刀

4. *Z*轴对刀

(1) 在MDI模式，输入主轴转动指令M3 S500，再按输入按键让系统执行命令，使主轴转动(图1.9)。

图1.9　系统面板输入主轴转速

（2）按下“手轮”键，使用手轮将Z轴慢慢移动至工件右端面，当刀尖刚好碰到工件右端面时，改用X轴移动，使刀具从外往里切削，注意此时只需要轻微地切削一层，如果发现切削量过大，及时停止进刀，并让Z轴往回退出一点再继续进刀（图1.10至图1.12）。

图1.10　车刀刀尖碰到材料端面

图1.11　**X**轴移动使刀具从外往里切削

图1.12　刀尖过材料中心后向**X**轴方向退刀

(3) 当把整个端面都切削完成后，按下系统“补偿(OFT)”键，进入刀具补偿界面，此时系统光标指向01对刀输入框。我们继续输入“Z0”，然后按下输入键即可完成对Z轴对刀，如图1.13所示。系统将自动将当前车床坐标填入1号刀的Z轴刀补中。

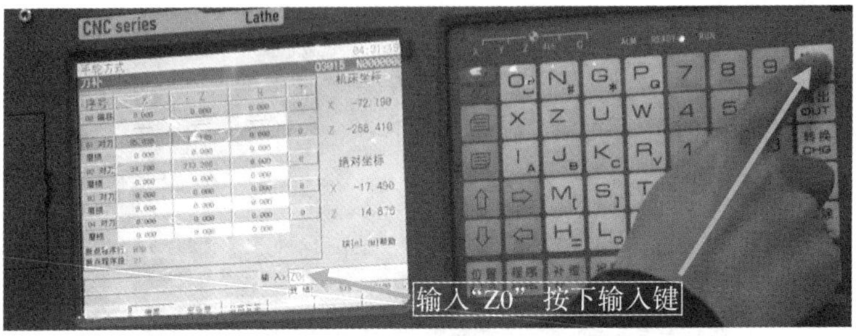

图1.13　刀具补偿界面输入“Z0”

5. *X*轴对刀

(1) 使用手轮方式将*X*轴往外移动至安全位置(图1.14)。

图1.14　移动刀具到安全位置

(2) 使用手轮方式移动Z轴，让刀具先轻微触碰毛胚料外圆(图1.15)。

图1.15　刀尖触碰材料外圆

(3) 按下系统的“位置(POS)”键,查看当前的绝对坐标。如现在的绝对值坐标为-42.290,即可以认为工件外端面坐标为-42.290(图1.16)。

图1.16　当前*X*轴的绝对值坐标

(4) 使用手轮将刀具移动至工件外侧,如图1.17所示。

图1.17　移动刀具

(5) 使用手轮模式操作*X*轴,让*X*轴移动至工件外表面再往里0.1 mm的位置,由于工件外表面的坐标在上个步骤测出是-42.290,所以我们此时应该将*X*轴慢慢移动至-42.290处(图1.18)。

(6) 当*X*轴移动完成后,改用*Z*轴移动,将刀具慢慢往负方向移动,如图1.19所示。让车刀把工件外表面切削0.1 mm的一层。切削10～20 mm后停下,然后使*Z*轴原路返回,直至退出工件,注意此时不要移动*X*轴(图1.20)。

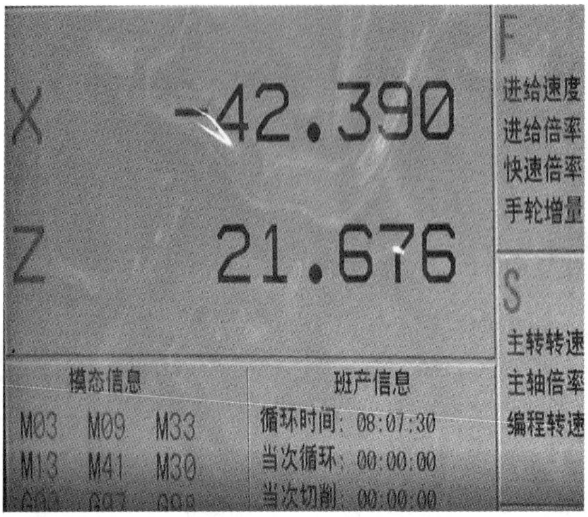

图1.18　移动X轴

图1.19　Z轴进到刀车削工件外圆

图1.20　移动Z轴退刀

(7) 按复位键将主轴停止下来,然后使用游标卡尺测量刚才车削后工件的直径,比如测出工件直径为37.9,则再次按下补偿按键,进入刀具补偿界面,在01对刀输入框内,写入X37.9,然后输入即可完成X轴的对刀。系统将自动将工件圆心坐标设置进刀补坐标内(图1.21)。

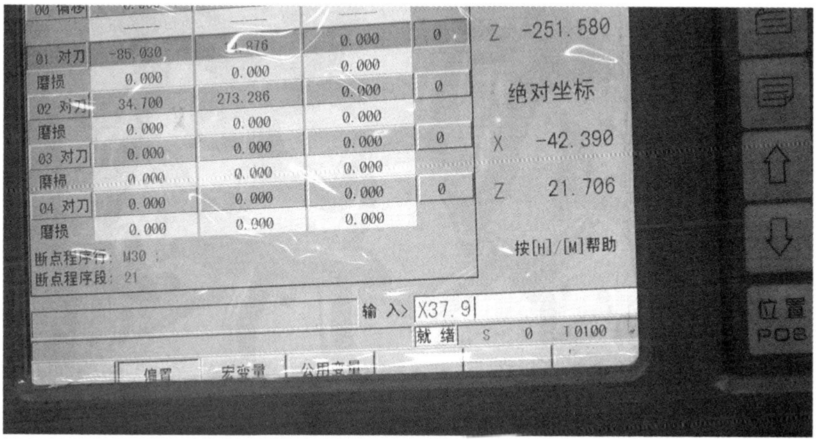

图1.21　测量工件直径输入到刀具补偿界面

项目2　数控车床系统接线调试

【项目目的】

1. 熟悉数控系统接线方式。
2. 初步了解数控系统调试方法。

【项目内容】

通过连接各元部件使车床正常工作。

【项目设备】

1. 综合实验台(一台)。
2. C00057数控车床。

【项目步骤】

由于实验平台元部件较多且密集,对刚接触的学生会造成一定程度困扰,所以尽量按顺序接线,接好一个模块并调试完成后再继续接下一个模块(图2.1)。

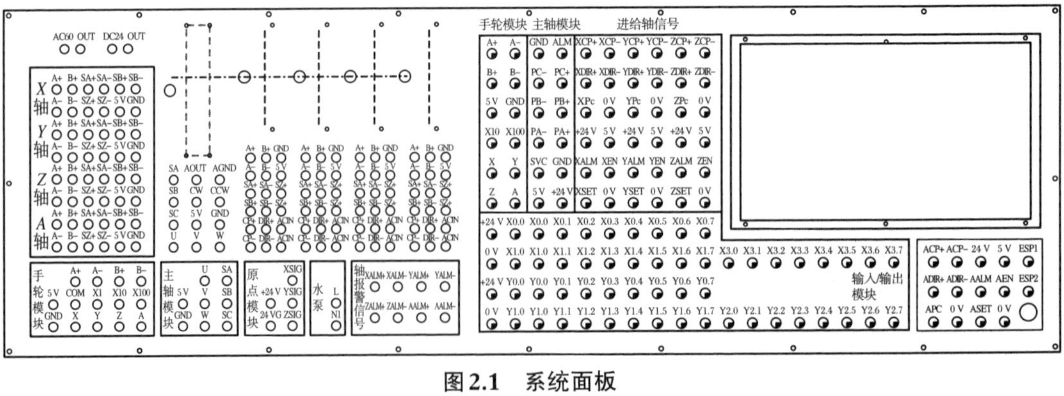

图2.1　系统面板

1. 急停开关接线

出于安全起见,在连接其他电气模块之前应先接通急停开关,当在测试车床时,出现任何突发情况要及时拍停急停开关。急停开关安装于数控系统面板的右下方,其中ESP1与ESP2为急停开关的两个接头触点。

按图2.2连接系统与急停开关，急停开关正常状态下旋帽是弹起状态，紧急情况下需要往下拍。

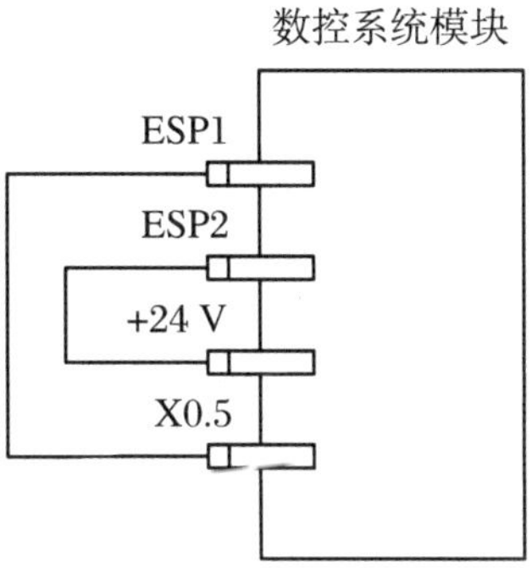

图2.2　急停开关接线图

2. 进给轴模块接线

(1) 进给轴信号模块

进给轴模块引线由系统进给轴的输出及输入端口组成，其中XCP+和XCP−为系统脉冲输出接口，用于发送定位脉冲信号给驱动器使用，DIR+和DIR−为系统方向信号输出接口，用于发送方向信号给驱动器使用，ALM信号为系统接收驱动器报警信号线。需要与驱动器接口相匹配，24 V为系统24 V电压输出，0 V为系统0 V接口(图2.3)。

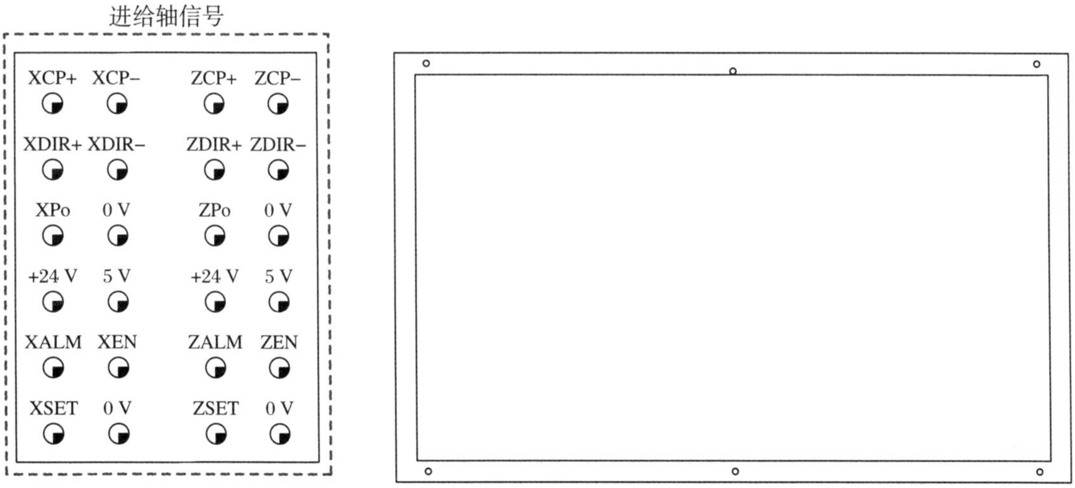

图2.3　进给轴信号模块

(2) 电机驱动器模块

安装于各轴驱动器下方的引线，用于驱动器接收系统信号及驱动电机等功能，其中A+、A−、B+、B−是驱动器的电机输出线，用于连接电机动力线，SA+、SA−、SB+、SB−是驱动的编码器反馈线，用于接收电机编码器的位置反馈，5 V和GND是驱动器为电机编码器提供电力的电源线，CP+和CP−是驱动器接收系统发送脉冲信号接口，DIR+和DIR−则是驱动器接收系统发送方向信号的接口。ACIN是驱动器的电源线，用于提供驱动器电力。

(3) 电机模块

如图2.4所示，面板左上方则是各轴闭环步进电机的引出线，驱动器通过控制电机来进行各轴的移动。其中A+、A-、B+、B-为电机动力线，需要接到驱动器相应的接口处，5 V、GND、SA+、SA-、SB+、SB-为电机编码器线，用于向驱动器反馈电机位置信号。

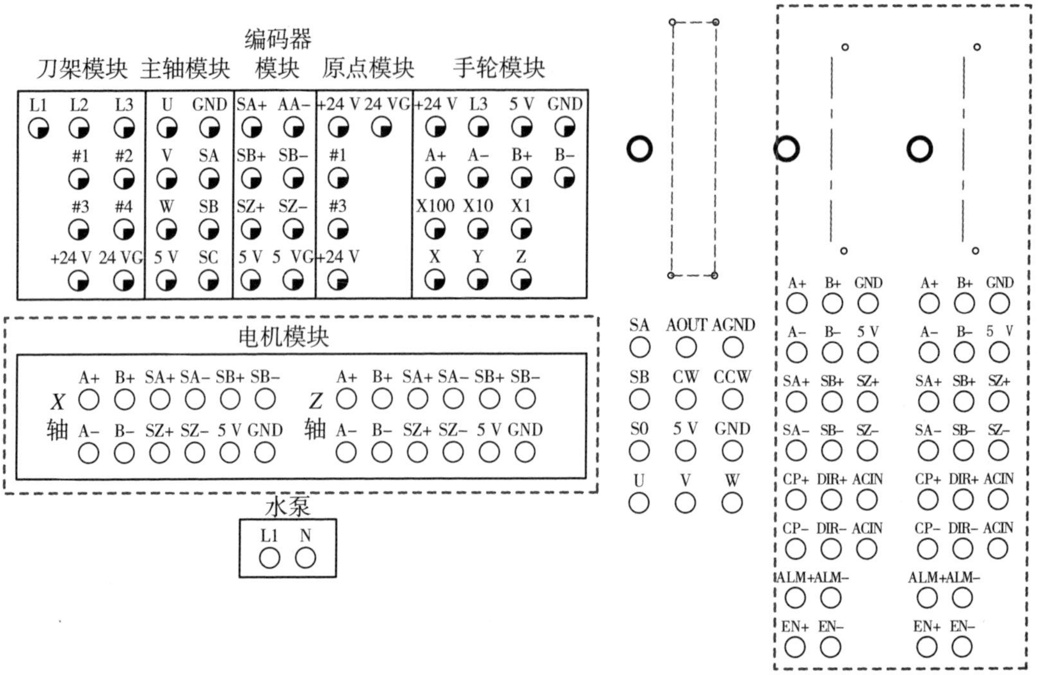

图2.4 电机模块

(4) 电机报警模块

报警模块是驱动器根据电机的运作情况进行报警输出的接口，当驱动器故障或者电机过载的情况下会向外发出报警信号，接口由XALM+和XALM-组成。

(5) 电源输出

在面板的左上方有为驱动器提供电力供应的接口，DC60 V为直流60 V电压输出接口，红色接口为60 V正电压输出，黑色接口为0 V电压输出，DC24 V为直流24 V输出接口，红色的接口为24 V正电压输出，黑色的接口为0 V输出。

(6) *X*、*Z*轴进给轴接线

000057数控车床有2个进给轴，分别是左右移动的*Z*轴，前后移动的*X*轴。

我们规定*Z*轴向左移动为负方向，向右移动为正方向。*X*轴向外移动是正方向，向内移动是负方向。当我们接线完毕后运动轴方向一定要按照此方向调试，因为原点开关是固定的，回原点方向也就固定了，所以轴的运动方向必须与规定相符合。

按图2.5把数控车床2轴的电机控制线连接完成，注意连接时分清各轴的脉冲输出线，分配好各个电机驱动模块，比如连接*X*轴系统脉冲输出时我们需要使用到XCP与XDIR，连接*Z*轴系统脉冲时需要使用到ZCP与ZDIR。

当使用*X*轴脉冲输出连接到对应的1号驱动模块后，1号驱动模块也应该驱动*X*轴步进电机，避免出现系统控制轴出错。

当我们连接好进给轴各个部件后，打开数控系统，进入手动模式，使用手动方式运动各轴，运动时查看轴的运动方向与轴坐标是否一致(图2.6)。

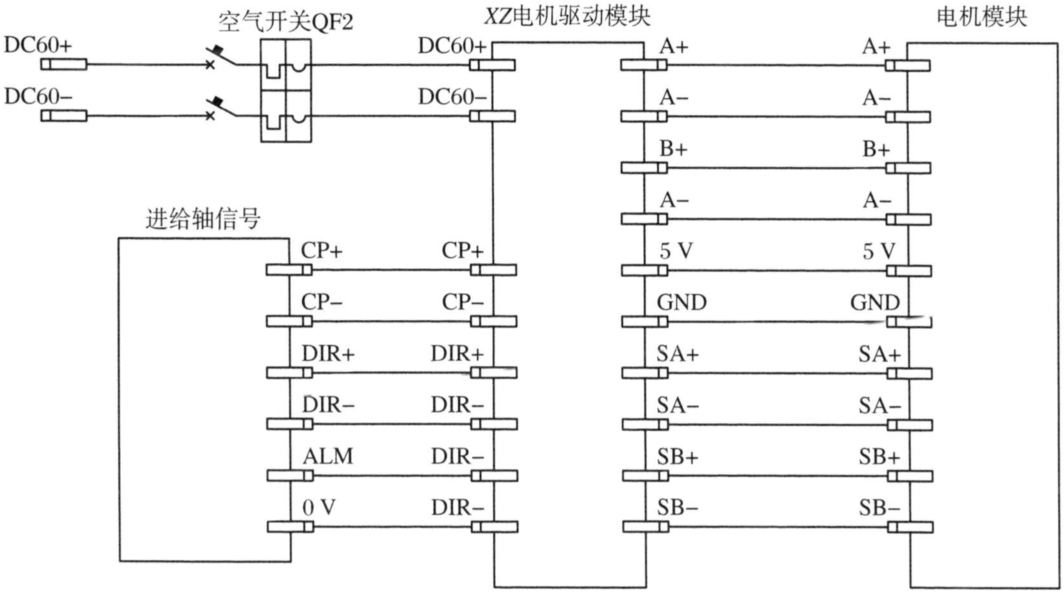

图 2.5　电机控制线连接图

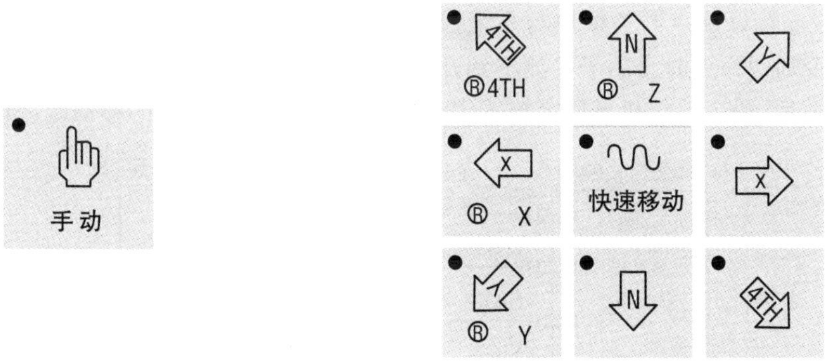

(a)手动模式按键　　(b)手动模式移动轴按键

图 2.6　移动按键

3. 原点模块接线

(1) 原点开关模块

集成了车床2轴的原点接近开关接口，用于连接系统与轴原点开关，其中+24 V与24 VG为接近开关电源，XSIGN、YSIGN、ZSIGN为各轴的接近开关信号(图2.7)。

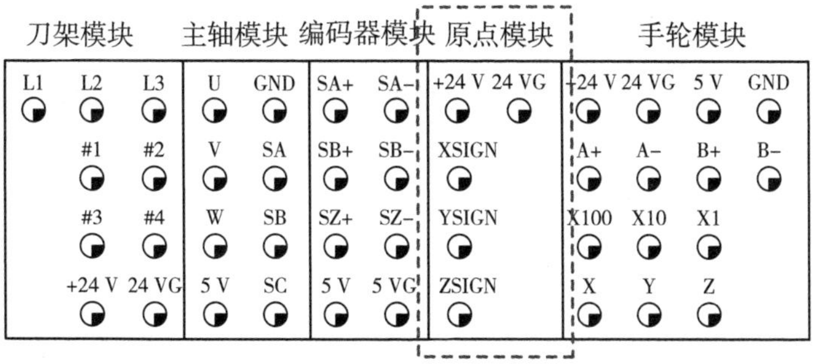

图 2.7　原点开关模块

（2）系统输入/输出模块

原点开关模块需要与系统输入模块进行对接，系统输入模块中X0.3为*X*轴原点减速信号，X1.3为Z轴原点减速信号（图2.8）。

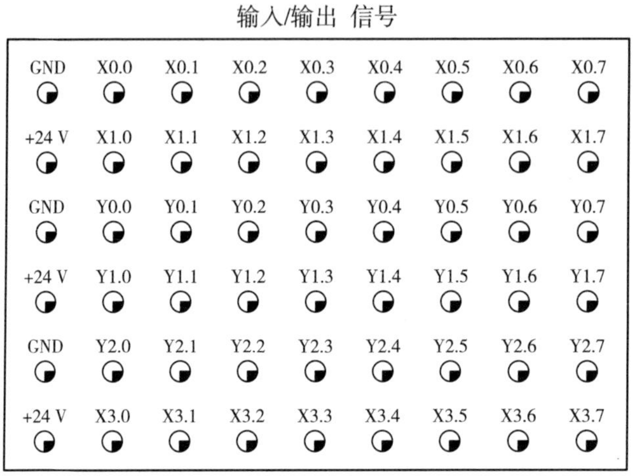

图2.8　系统输入/输出模块

按图2.9连接好原点开关模块与系统控制模块。注意连接时不要搞错原点开关对应的系统IO口，否则回原点时会由于检测不到开关而撞车。

对接完成后，进入系统机械回零模式中，再依次按下“X”“Y”“Z”的移动键进行回零操作。

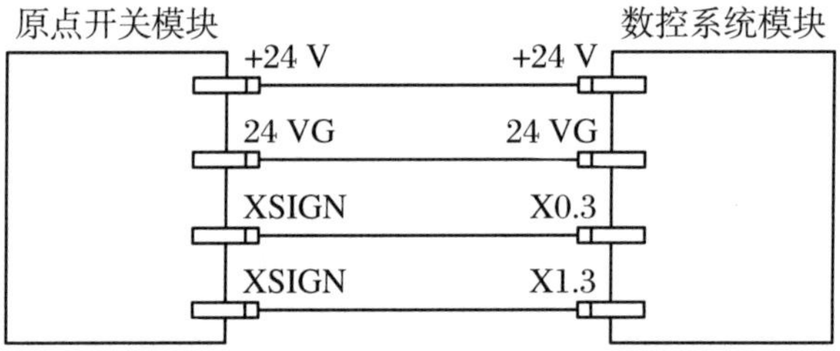

图2.9　原点开关模块与系统控制模块的连接

4. 主轴模块接线

（1）主轴模块

主轴模块为系统控制主轴转动的输出端口，SVC为主轴模拟量正输出口，GND为主轴模拟量0 V输出口。PA+、PA−、PB+、PB−、PC+、PC−为主轴编码器输入端口，5 V和GND为主轴编码器输出电源（图2.10）。

（2）主轴驱动器模块

主轴驱动器模块与主轴电机模块用于连接系统控制主轴电机转速，其中驱动器模块上SA、SB、SC为驱动器的编码器接口，5 V和GND为编码器电源接口，U、V、W为驱动器的电机动力输出接口，AOUT和AGND为系统模拟量接收端口，CW和CCW为系统正反转接收端口（图2.11）。

（3）主轴电机模块

U、V、W为主轴电机动力线输入接口，SA、SB、SC为主轴电机编码器输出接口。5 V和GND为编码器电源接口（图2.12）。

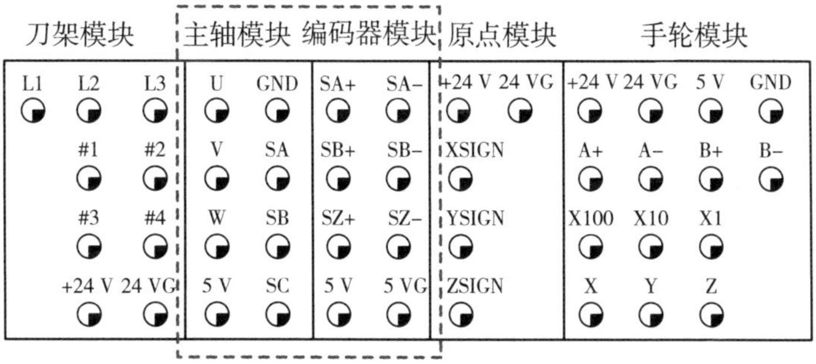

图2.10 主轴模块、主轴编码器模块

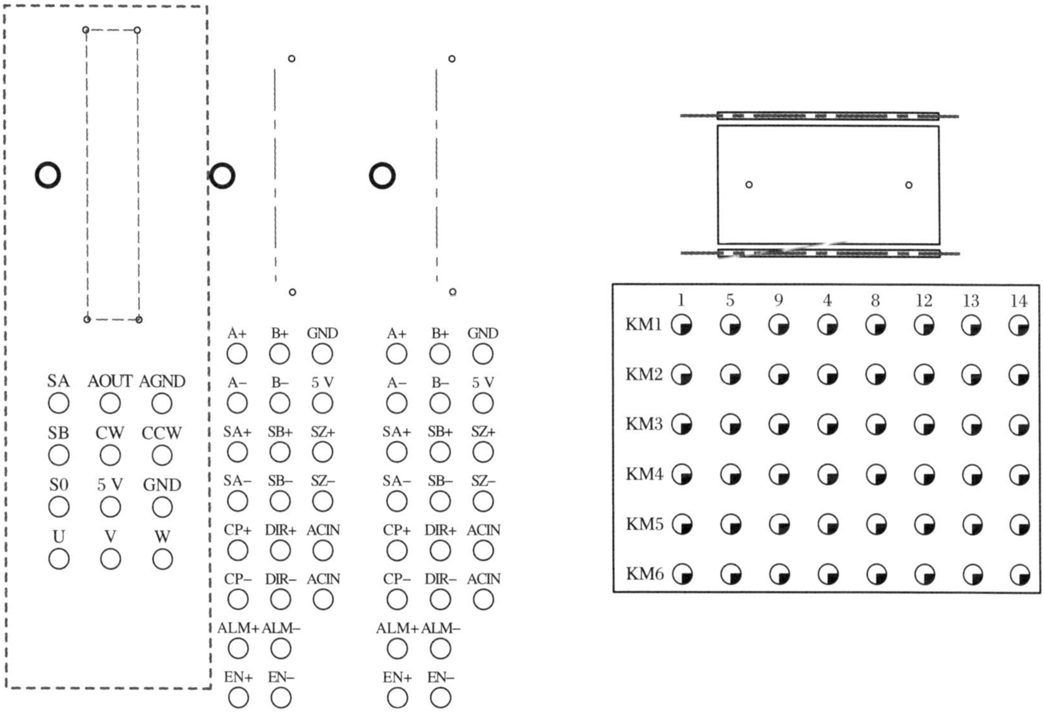

图2.11 主轴驱动器模块、继电器模块

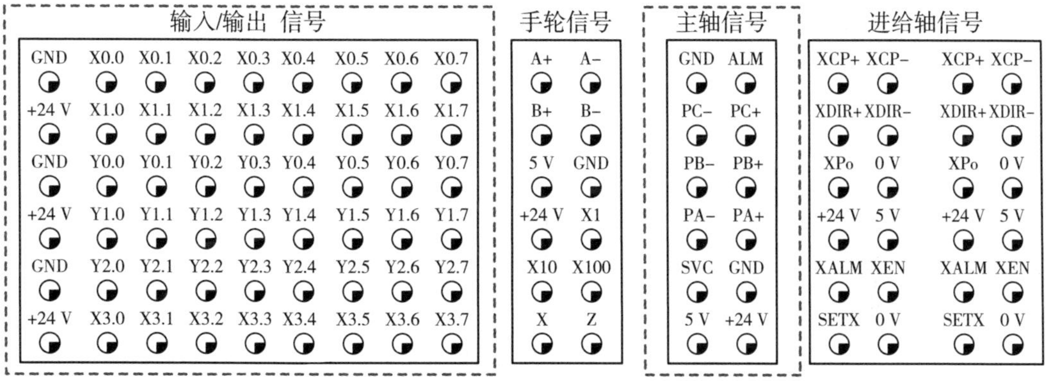

图2.12 主轴模块、系统输入/输出模块

(4) 系统输入/输出模块

由于电机正反转由系统输出信号决定,所以系统需要通过中间继电器来给主轴驱动器

输出正反转信号，Y0.3为主轴正转输出信号，Y0.4为主轴反转输出信号，+24 V为系统24 V输出线。

(5) 主轴编码器模块

主轴编码器安装于主轴动力输出端，反应的是真实的主轴转速，SA+、SA-、SB+、SB-、SZ+、SZ-为编码器信号输出端口，5 V和5 VG为编码器电源输入端口。

(6) 继电器模块

继电器模块上集成了6个直流继电器，与铣床实验台不一样的是，车床继电器模组把所有的继电器接口全部引入到面板中来，其中13/14脚为继电器线圈，5/9脚为一组常开触点，1/9脚为一组常闭触点，8/12脚为二组常开触点，4/12为二组常闭触点。

数控系统通过控制继电器的闭合来给驱动器正反转信号。通过控制0~10 V模拟量来给驱动器转速大小信号。主轴需要正转时需要给驱动器CW信号对接系统的GND信号，主轴需要反转时需要同时给驱动器CW与CCW信号对接系统GND信号(图2.13)。

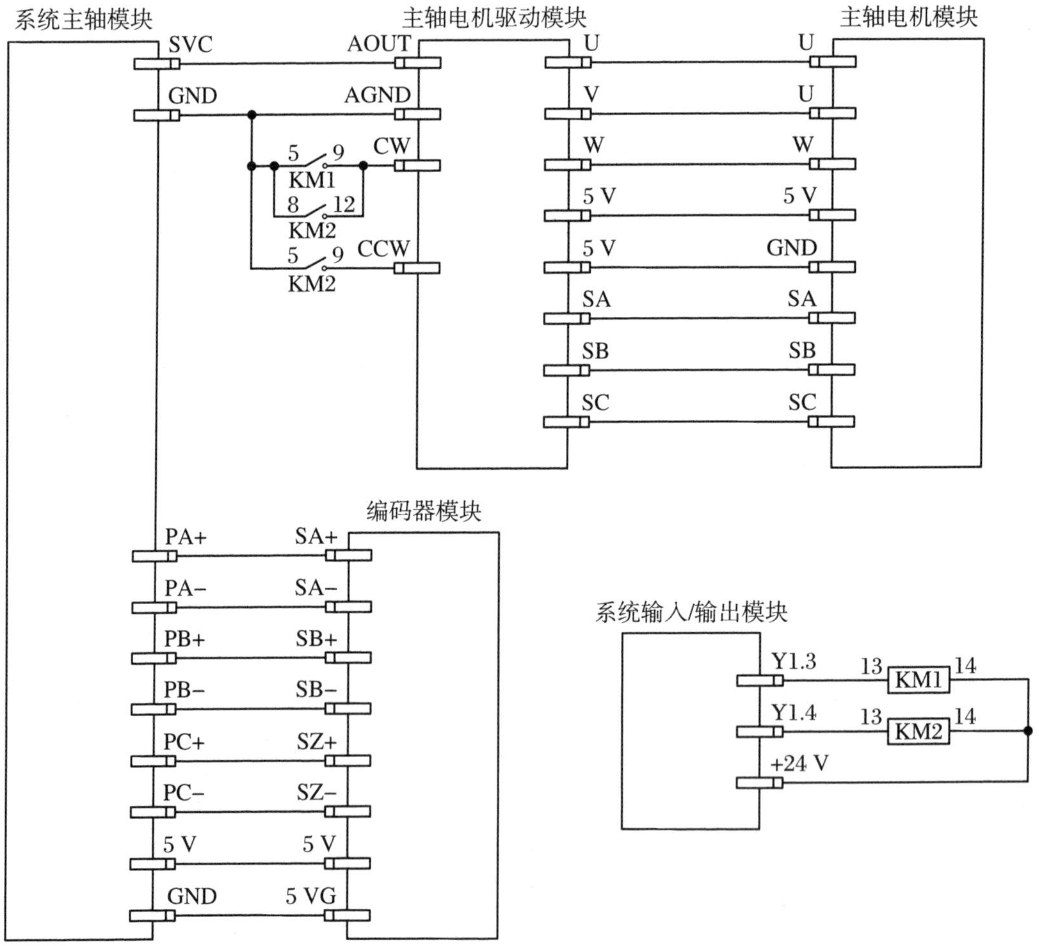

图2.13 主轴模块接线图

对接完成后使用录入方式输入指令让主轴正反转测试。

先按下“MDI”录入键，再按下“位置(POS)”键，然后进入MDI录入界面，在界面内依次输入M3 S500后按下“输入(IN)”键，随后看见程序段录入系统后即可按下“循环启动”键，启动主轴正转(图2.14)。

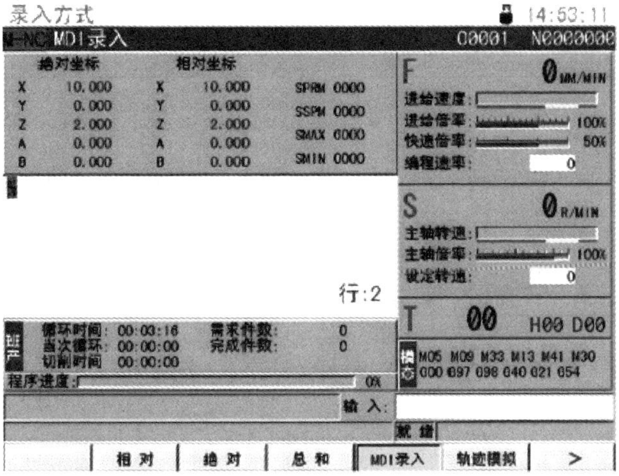

图2.14　MDI录入界面

5. 手轮模块接线

(1) 实体手轮模块

实体手轮模块上的A+、A−、B+、B−为手轮的手摇编码器输出线,用于把手摇的运动信息传递给系统,5 V和GND为编码器的电源输入端,X、Y、Z、A为手轮的轴选信号线,X10和X100为手轮的挡位信号线,COM为轴选与挡位开关的公共端(图2.15)。

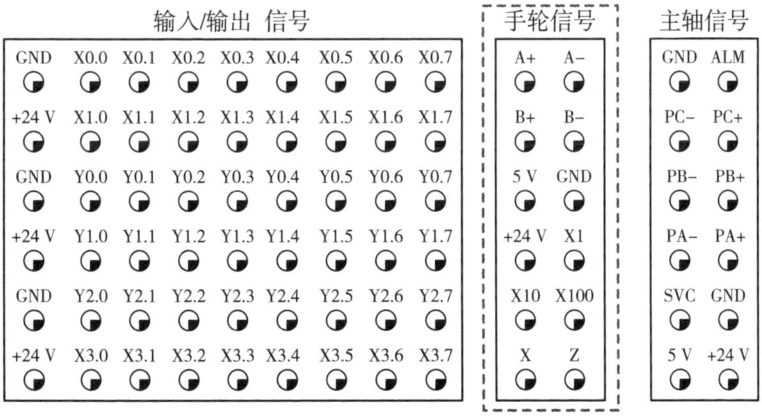

图2.15　实体手轮模块

(2) 系统手轮模块

系统手轮模块中的A+、A−、B+、B−为系统接收手轮位置信号的接口,5 V和GND是提供给手轮编码器电压的输出端口,X、Y、Z、A为接收手轮的轴选信号线,X10和X100为接收手轮的挡位信号线(图2.16)。

对接完成后(图2.17)按下“手轮”键,然后拿起电子手轮把各个轴与挡位都测试一遍。

6. 刀架模块接线

系统控制车床换刀动作,是由刀库电机、刀位信号与系统控制共同完成的。

(1) 刀架模块

N、L2、L3为刀架电机动力输入线,当L2与N通入交流220 V时刀架正转,当L3与N通入交流220 V时刀架反转。#1、#2、#3、#4分别为刀架的传感器信号线,分别代表1~4号刀的到位信号。+24 V与24 VG为刀位传感器的电源输入端(图2.18)。

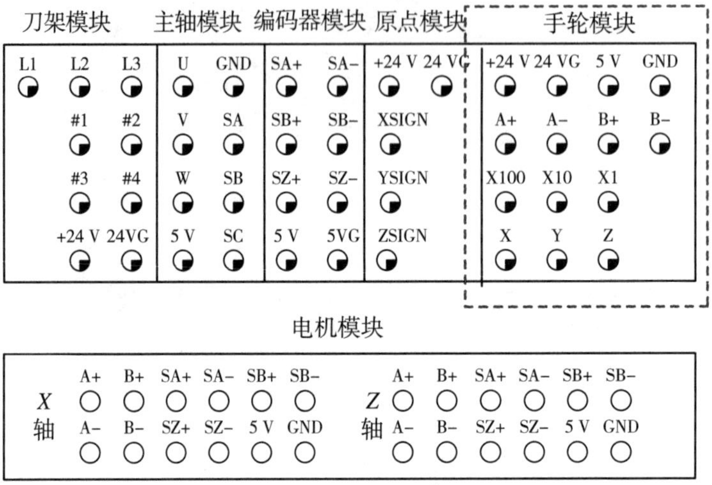

图2.16 系统手轮模块

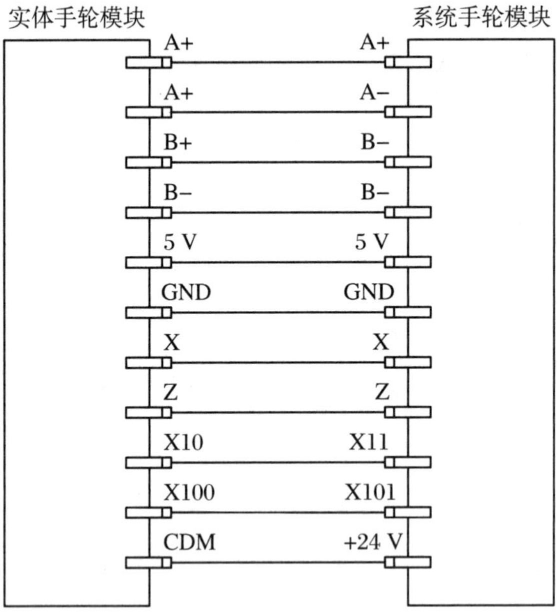

图2.17 手轮模块接线图

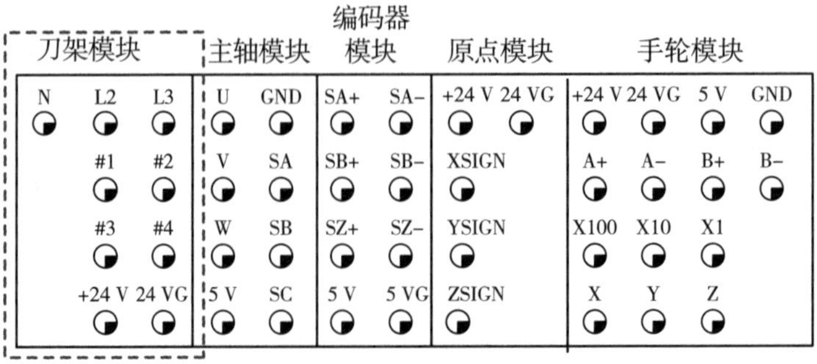

图2.18 刀架模块

(2) 系统输入/输出模块

刀架正反转由系统根据程序内容进行自动切换，当需要换刀时，系统发出刀架正转指令，刀架正转，当系统获取到相应的刀位信号后停止刀架正转输出，转为刀架反转锁紧输出。

Y1.6为刀架正转输出端口，Y1.7为刀架反转输出端口，X1.7为刀架1号刀位信号，X1.0为刀架2号刀位信号，X1.1为刀架3号刀位信号，X1.2为刀架4号刀位信号，+24 V为系统24 V输出线(图2.19)。

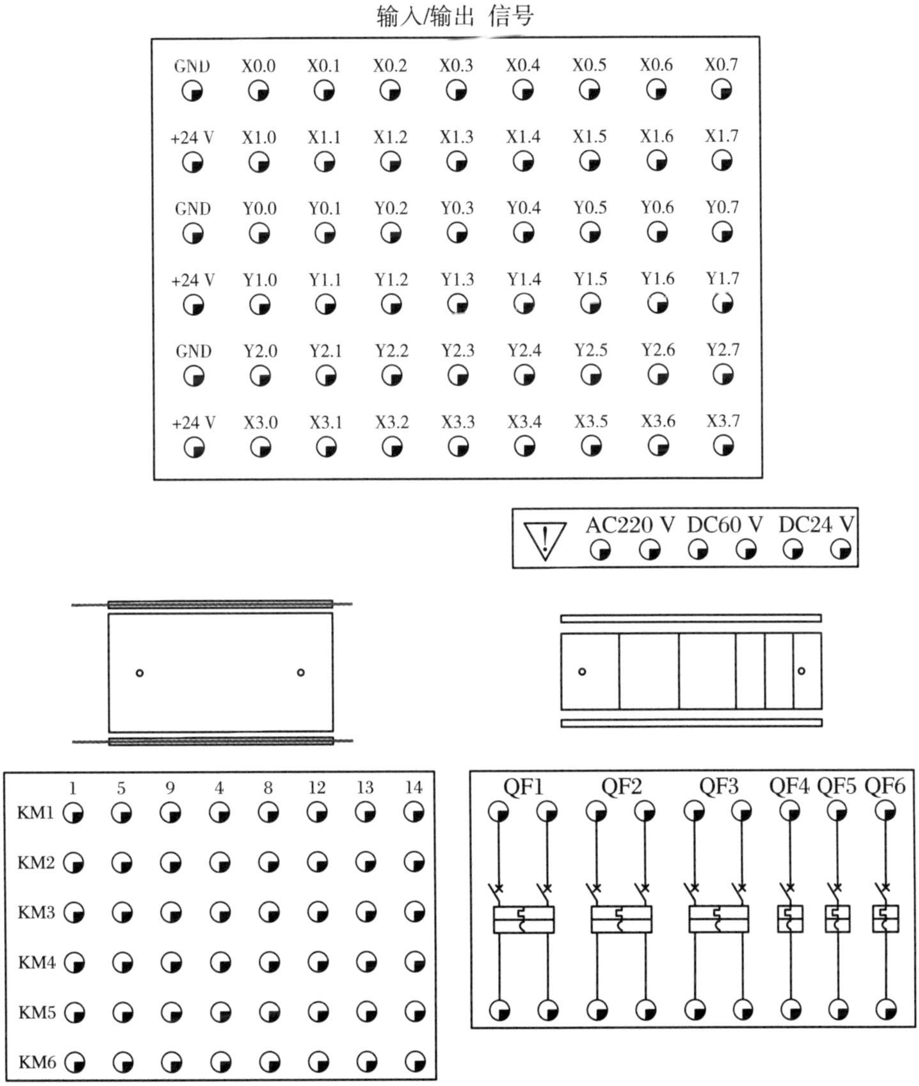

图2.19 系统输入/输出模块

按图2.20接线完毕后进入系统，按下“手动”键，随后按下“换刀”键查看换刀动作是否正常。

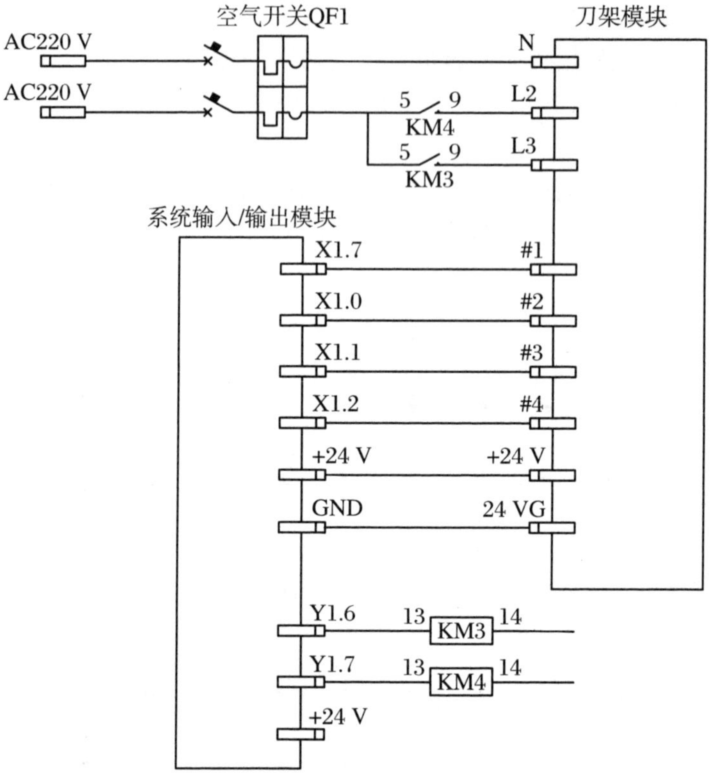

图2.20　刀架模块接线图

项目3　数控车床故障设置与排除

【项目目的】

1. 熟悉车床数控系统的各组成部件之间的接口。
2. 读懂电气原理图，根据电气原理图能独立进行数控系统各部件之间的连接。
3. 能够判断各种电气元件之间的线路故障及其排除方法。

【项目设备】

1. 数控系统综合实验台（一套）。
2. 连接线（一套）、数字万用表。
3. C00057车床（一台）。

【项目内容】

在各个电机、驱动器线路之间通过开关的方式使电路预先设置故障点，后通过实际车床运作现象来进行检测、判断，找出故障点从而恢复车床正常运作。

【项目步骤】

1. 第1故障点设置于步进电机驱动器开关电源的输出端

现象：故障点设置后步进电机驱动器便不会启动，驱动器电源指示灯熄灭，车床工作台不会运动。

检测方法如下：

(1) 确认车床电源插头接上后，查看电源按钮是否按下。

(2) 观察步进电机驱动器电源指示灯是否点亮。

(3) 使用万用表检测步进电机驱动器电源输入电压是否正常。

当外部电源正常的情况下，使用万用表测量驱动器的电源输入端DC60V+和DC60V-，如果测量没有电压，则可判定为没有电源输入，将导致驱动器无法工作。

第1故障点位示意图如图3.1所示。

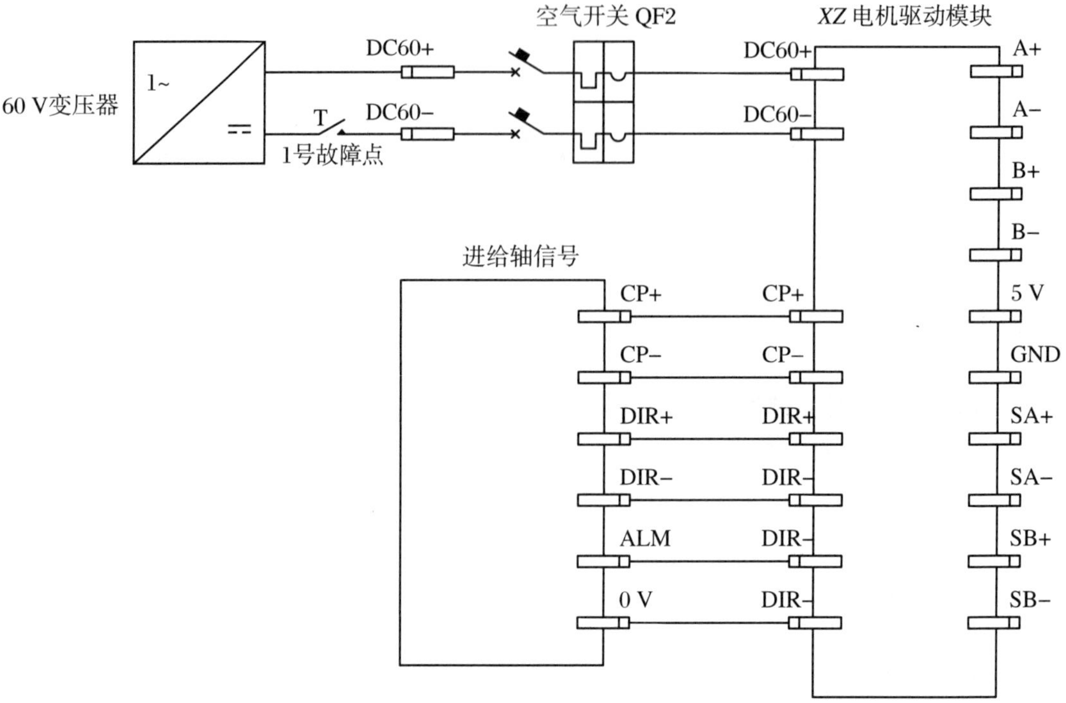

图3.1　第1故障点位示意图

2. 第2故障点设置于*Z*轴步进电机相线之间

现象：故障点设置后*Z*轴便不会移动，*Z*轴驱动器报警灯亮起。

检测方法：关上实验台电源后，使用万用表检测步进电机线间电阻，检测A+、A–与B+、B–之间的电阻，正常的情况下A+、A或B+、B–之间的电阻为几欧姆，当其中一组电机线断开后，电阻便会变成非常大，需要判断出哪组电机线存在断路现象。

正常情况下B+、B–为电机的一组电机线圈，由铜线旋绕制成，所以在没有断路的情况下只有一点电阻。

第2故障点位示意图如图3.2所示。

3. 第3故障点设置于*X*轴步进电机相线之间

现象：故障点设置后*X*轴便不会移动，*X*轴驱动器报警灯亮起。

检测方法：关上实验台电源后，使用万用表检测步进电机线间电阻，检测A+、A–与B+、B–之间的电阻，正常的情况下A+、A–或B+、B–之间的电阻为几欧姆，当其中一组电机线断开后，电阻便会变成非常大，需要判断出哪组电机线存在断路现象。

正常情况下A+、A–为电机的一组电机线圈，由铜线旋绕制成，所以在没有断路的情况下只有一点电阻。

第3故障点位示意图如图3.3所示。

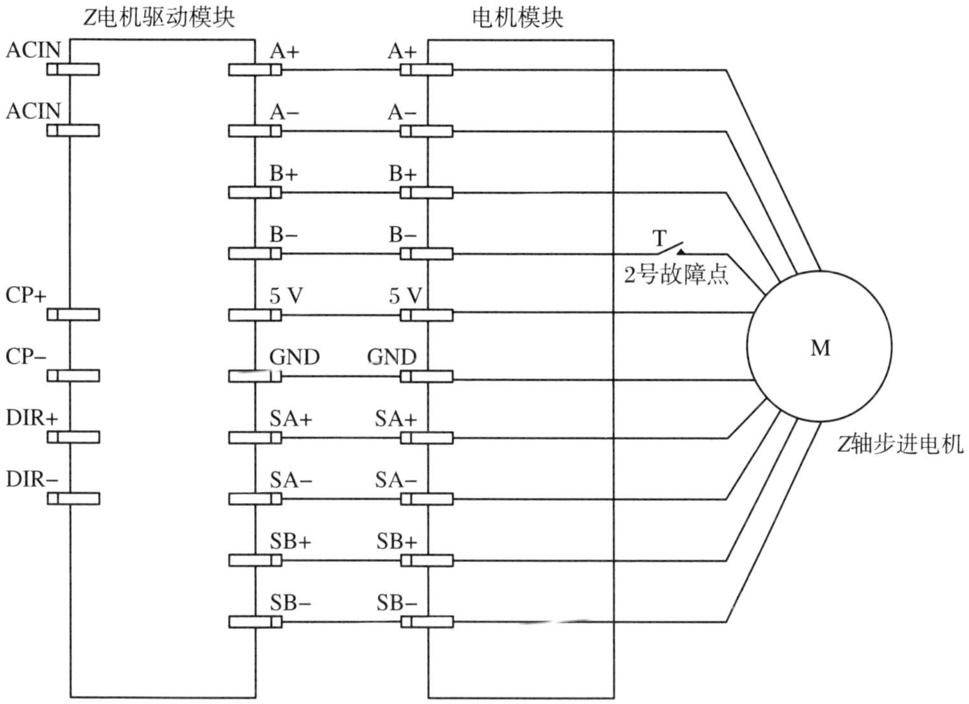

图3.2　第2故障点位示意图

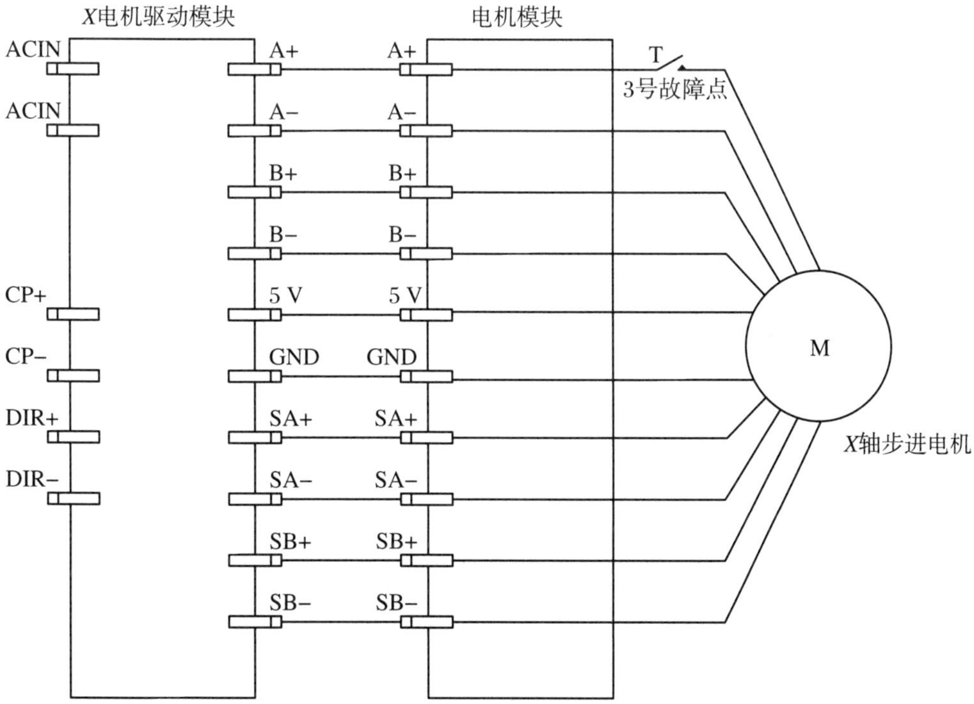

图3.3　第3故障点位示意图

4. 第4故障点设置于刀架电机的正转电源线上

现象:故障点设置后刀架不会旋转。

检测方法如下:

(1) 确认车床电源插头接上后,查看空气开关是否闭合。

(2) 点击系统换刀按键后,查看正转继电器是否吸合。

(3) 使用万用表测量刀架模块上L3与N接口之间电压。

刀架电机为220 V异步电机,当L2与N之间接入220 V电压时电机反转,当L3与N之间接入220 V时电机正转,当按下系统换刀键后,刀架正转继电器正常吸合,查看刀架电机模块上L3与N之间有交流220 V电压,但实际刀架却不会旋转,则可以判断出刀架电机电源线存在断路。如果L3与N之间没有交流220 V电压则需要重新检查继电器的接线部分。

第4故障点位示意图如图3.4所示。

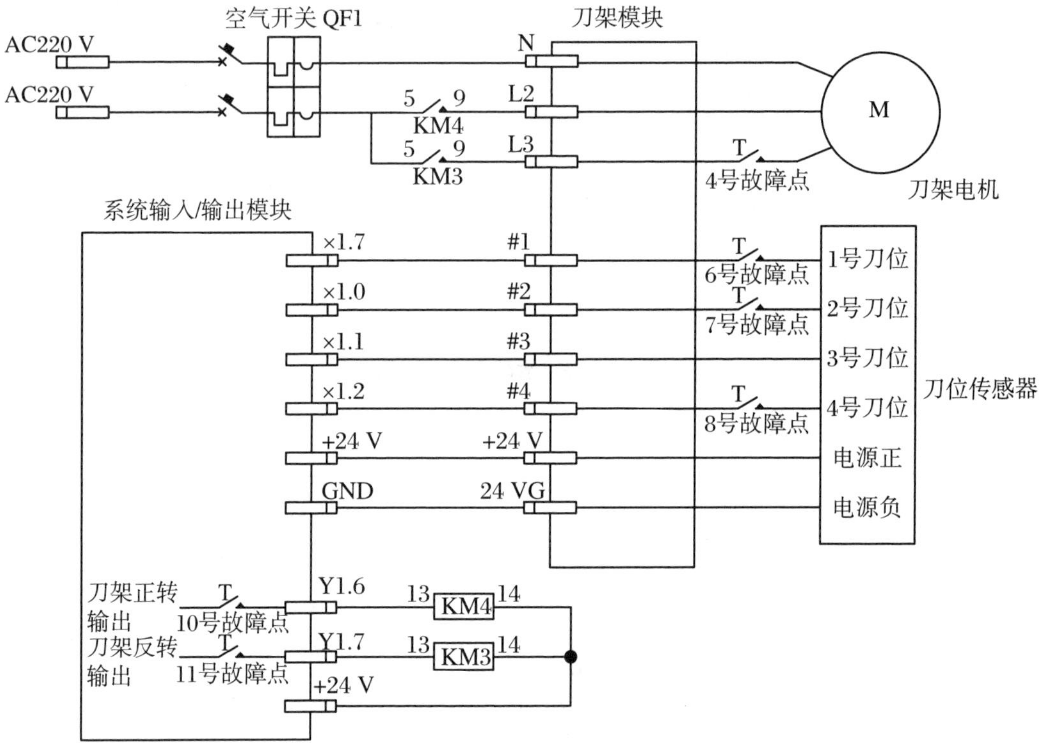

图3.4 第4号故障点位示意图

5. 第5故障点设置于*X*轴原点开关信号线上

现象:故障点设置后*X*轴回原点方向会相反,并且轴移动到行程尽头后卡死,*X*轴驱动器报警。

检测方法如下:

(1) 使用万能表测量原点开关模块上的24 V与24 VG端是否存在直流24 V电压。

(2) 使用万能表测量XSIGN与24 VG之间的电压。

正常情况下轴没回到原点前系统需要一直接收到原点开关的高电平信号,原点开关的输入电源为直流24 V,当检查出原点开关模块上的24 V和24 VG之间没有直流电压时,则要检查与系统提供的直流24 V电源线是否连接。当*X*轴没有回到原点前,XSIGN信号线与24 VG之间存在18~24 V的直流电压,若检测出它们之间没有直流电压,则可以判定*X*轴原点开关的信号线存在断路故障。

第5故障点位示意图如图3.5所示。

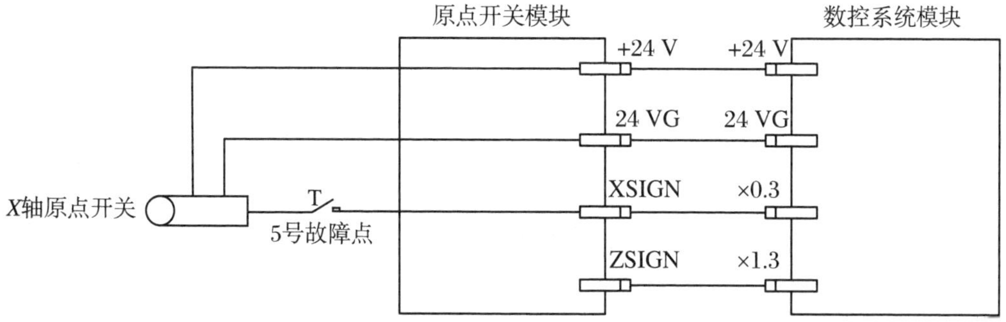

图3.5　第5故障点位示意图

6. 第6、7、8故障点设置于刀架的刀位信号线上

现象:故障点设置后按下系统换刀按键。刀架会一直旋转不会停止。最终系统报警换刀超时。

检测方法如下:

(1) 使用万能表测量刀架模块上的24 V与24 VG端是否存在24 V直流电压。

(2) 使用万能表测量各个刀位信号与24 VG之间的直流电压。

(3) 查看系统的诊断界面,查看各个刀位信号是否正常。

正常情况下刀架的刀位信号传感器电源24 V和24 VG需要提供系统24 V直流电压,如果测量出该端口没有电压,则需要检查系统的24 V电压输出线是否连接正常。

刀架有4个刀位信号,正常情况下系统需要对指令刀号与实际刀号进行比对,如果比对结果不正确,系统则会发出刀架正转信号使其正转至相应的刀位上。所以当不需要换刀动作时,只有对准主轴的当前刀位信号被拉低,呈低电位状态,其余3个刀位呈高电位状态,在任何时候都会出现3高1低的情况才是正确的。当某一个刀位传感器故障信号不能反馈进系统时,就会出现2高2低或者1高3低的状况,系统识别不出当前刀位导致换刀异常。此时需要通过万能表测量各个刀位电压,测量出哪个刀位传感器出现故障。

例如,现在对准主轴的刀位为1号刀,此时测量刀架模块上的#1端口与24 VG之间应该为低电平即0 V,其余3个刀位为高电平即24 V。按下换刀按键测试,刀架换刀正常。此时我们换回1号刀,让1号刀对准主轴。此时测量#1端口与24 VG之间的电压为0 V,再次测量其他刀位信号,例如测出#4端口与24 VG之间的电压也为0 V,则可以判断 4 号刀位的传感器发生故障,此时按下系统换刀键,刀架会一直旋转不会停下。

当故障发生时不知道当前实际刀号位置的情况下,按下系统换刀按键时刀架一直旋转,但过上一段时间后系统就会以换刀超时的报警来断开刀架正转的信号,此时刀架会停止在中间位置。刀架在中间位置时不会触发任何一个刀位信号,此时刀位信号应该都为高电平,即#1、#2、#3、#4对24 VG皆为24 V,如果此时测出某一个刀位为低电平,则此刀位的传感器存在故障(图3.6)。

同时也可以用系统的诊断界面来查看各刀位信号,按下系统的"诊断(DGN)"键进入系统诊断界面,进入诊断界面后,按下梯图信号功能键,然后再次按下梯图信号功能键找到刀位信号(图3.7)。

此界面能查看各个刀位信号的高低电平信号,绿灯亮起为高电平,绿灯熄灭为低电平。正常情况下为3绿1灰。当出现故障时可以查看熄灭的信号灯是否为当前刀号,如果不是则此传感器出现故障。在正常情况下查看此输入端口，使用换刀指令时可以发现X1.0、X1.1、X1.2、X1.7会轮流熄灭。

图3.6　刀架无故障与故障的状态

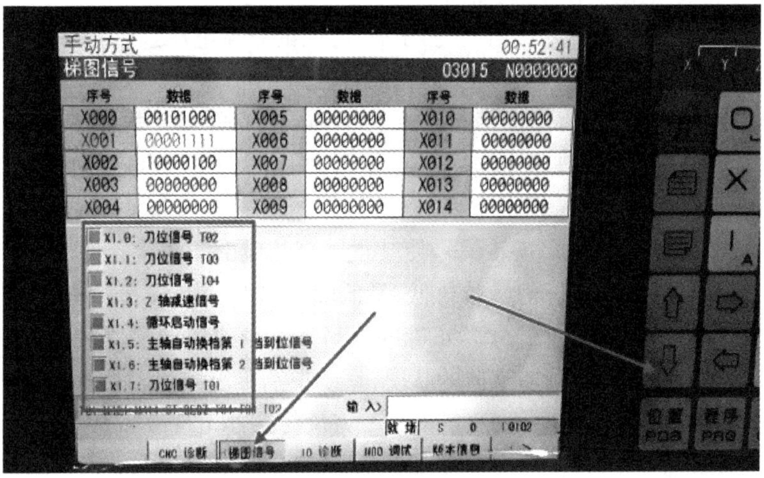

图3.7　诊断里查看梯图信号

第6、7、8故障点位示意图如图3.8所示。

7. 第9故障点设置于系统主轴反转信号输出线上

现象：故障点设置后按下系统主轴正转键或者输入M3 S500指令后主轴不正转，故障点设置后按下系统主轴反转按键或者输入M4 S500指令后主轴不反转。

检测方法如下：

(1) 在MDI界面输入M3/M4 S500查看正/反转继电器有无吸合。

(2) 在系统诊断界面查看正/反转信号是否已经给出。

(3) 使用万能表测量继电器线圈是否得到24 V直流电压。

在正常情况下，按下主轴反转按键或者在MDI方式下录入M3/M4 S500时，系统正/反转输出信号会发出，给与继电器模块信号电压，继电器吸合，并让主轴驱动器得到正/反转信号。

当发现按下主轴反转按键，但继电器没有工作时，首先确认系统是否已经给出反转信号输出，按下系统的诊断按键，进入系统诊断界面后，按下梯图信号功能键，此时出来的是系统的输入信号，再次按下梯图信号功能键，选择Y信号即可以查看系统的输出信号（图3.9）。

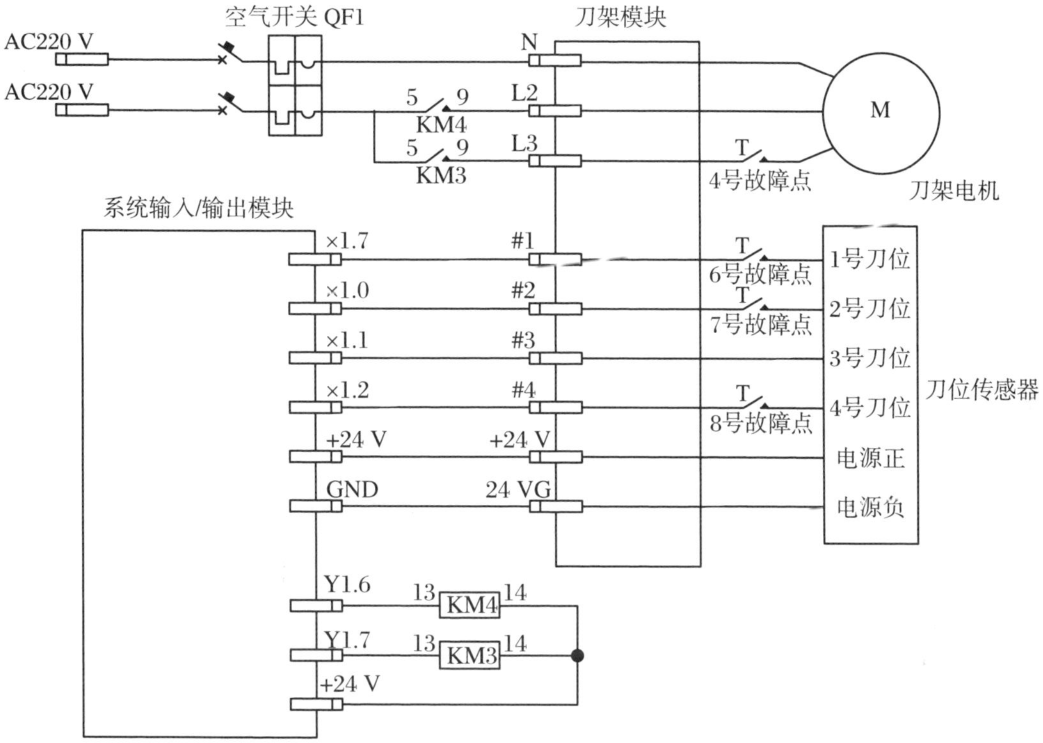

图3.8　第6、7、8故障点位示意图

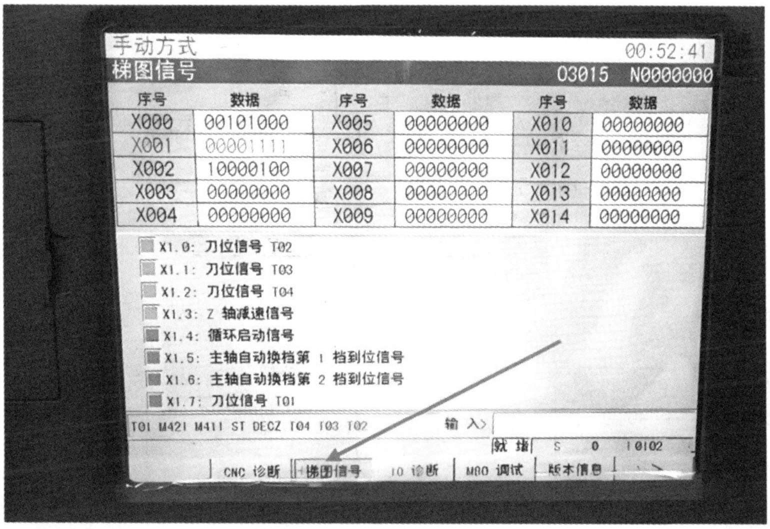

图3.9　进入梯图信号

我们看到Y0.3为主轴正转输出，Y0.4为主轴反转输出，当我们按下主轴正转键后，系统主轴正转信号Y0.3便会亮起绿灯，提示系统已经给到正转输出信号。同样地，当我们按下主轴反转键后，系统主轴反转信号Y0.4便会亮起绿灯，提示系统已经给到反转输出信号（图3.10）。

然后我们可以测量继电器模块的第13脚和第14脚之间的电压。如果第13脚与第14脚之间的电压为24 V,但是继电器并没有吸合,可以判定为继电器故障,如果测出来它们之间无电压,则可以判定为系统输出断线故障。

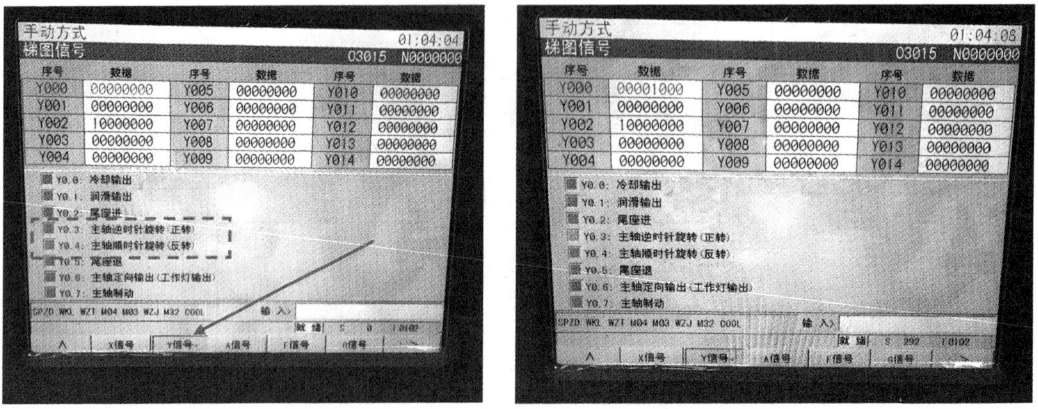

图3.10　观察主轴正转逆转的Y信号

第九故障点位示意图如图3.11所示。

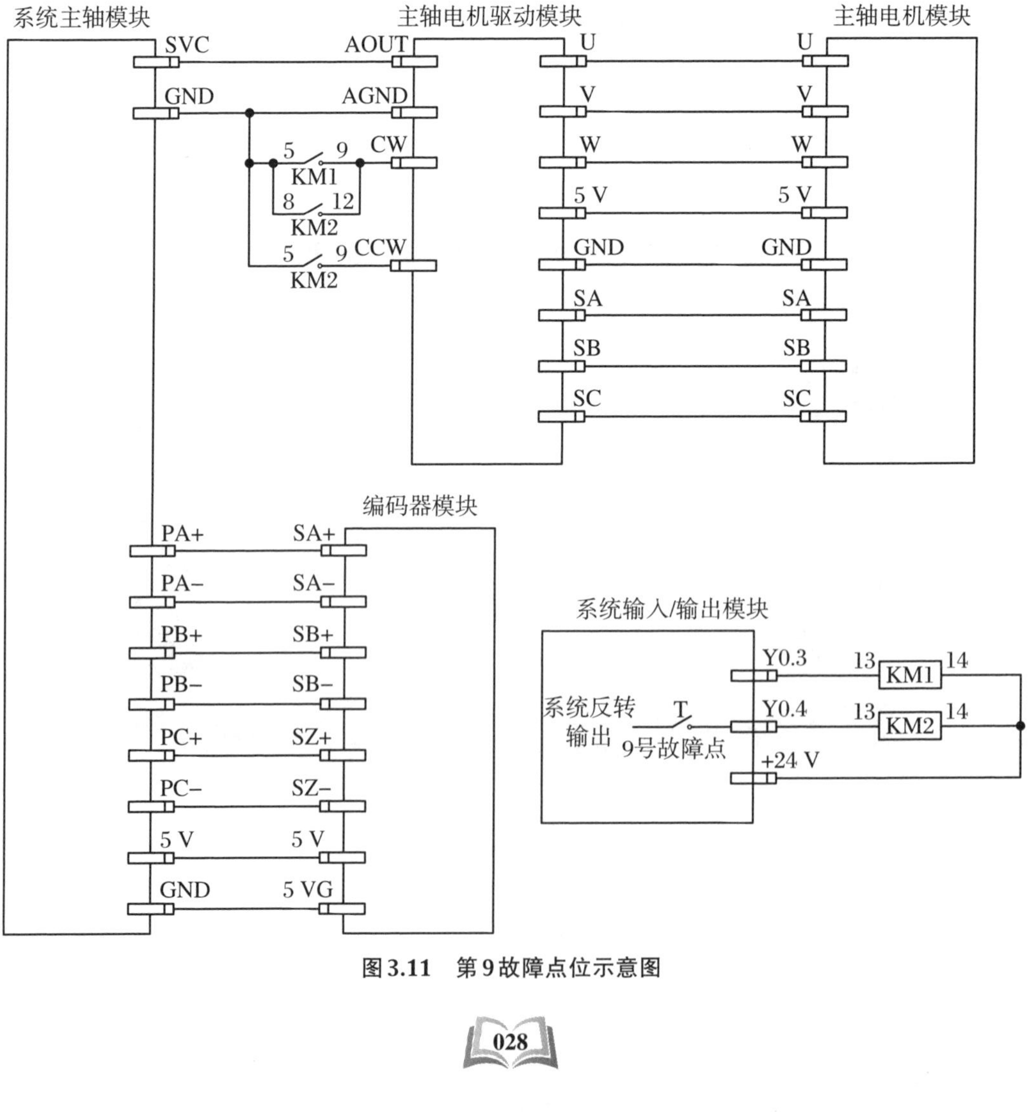

图3.11　第9故障点位示意图

8. 第10、11故障点设置于系统刀架正反转信号输出线上

现象：故障点设置后按下系统换刀键或者输入换刀指令后刀架不旋转；故障点设置后按下系统换刀键后，刀架旋转，但是转到对应刀位上时刀架不反转锁紧。

检测方法如下：

(1) 按下系统换刀按键查看刀架继电器是否吸合。

(2) 在系统诊断界面查看刀架正/反转信号是否已经给出。

(3) 使用万能表测量继电器线圈是否得到24 V直流电压。

在正常情况下，按下换刀按键或者在MDI方式下录入换刀指令时，系统刀架正/反转输出信号会发出，给予继电器模块信号电压，继电器吸合，并让刀架电机得到正/反转的电压。

当发现按下换刀按键，但刀架并没有工作时，首先确认系统是否已经给出刀架正转信号输出。

按下系统的诊断按键，进入系统诊断界面，进入诊断界面后，按下梯图信号功能键，此时出来的是系统的输入信号，再次按下梯图信号功能键，选择Y信号即可以查看系统的输出信号。此时使用上下按键找到刀架的输出信号接口。

Y1.6为刀架正转输出，Y1.7为刀架反转输出。当按下换刀按键后，刀架正转信号Y1.6便会亮起绿灯，提示系统已经给到正转输出信号。同样地，当刀位旋转到位后，系统刀架反转信号Y1.7便会亮起绿灯，提示系统已经给到反转输出信号。

当Y1.6绿灯亮起时，刀架正转继电器却没有吸合，可以测量继电器模块的第13脚和第14脚之间的电压。如果第13脚与第14脚之间的电压为24 V，但是继电器并没有吸合，可以判定为继电器故障，如果测出来它们之间无电压，则可以判定为系统输出断线故障。

同样地，当刀架旋转到位后，Y1.7绿灯亮起，查看刀架反转继电器是否吸合，使用上述的方式排查继电器线圈端口(图3.12)。

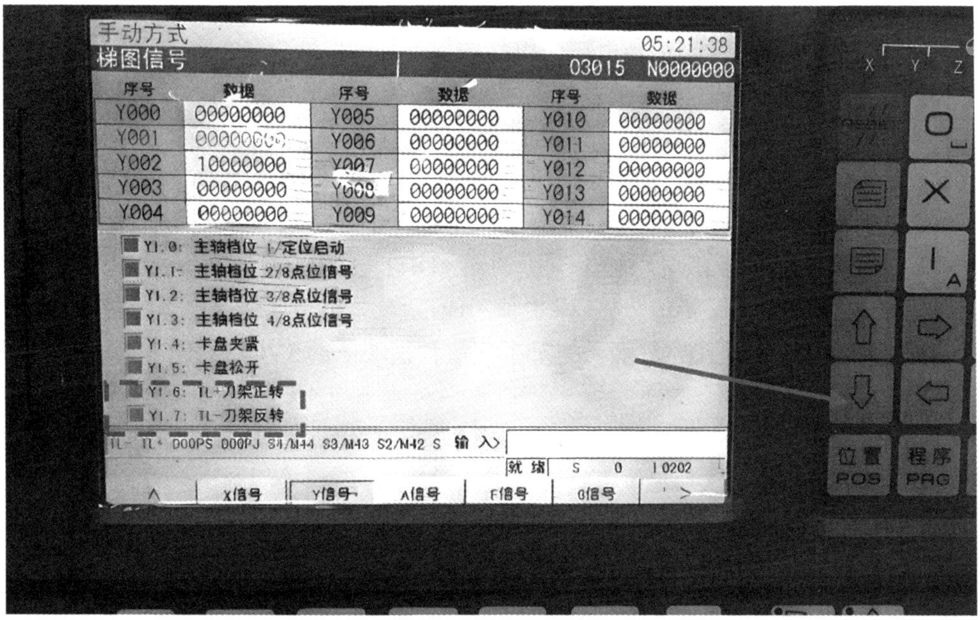

图3.12 观察刀架正转反转的Y信号

第10、11故障点位示意图如图3.13所示。

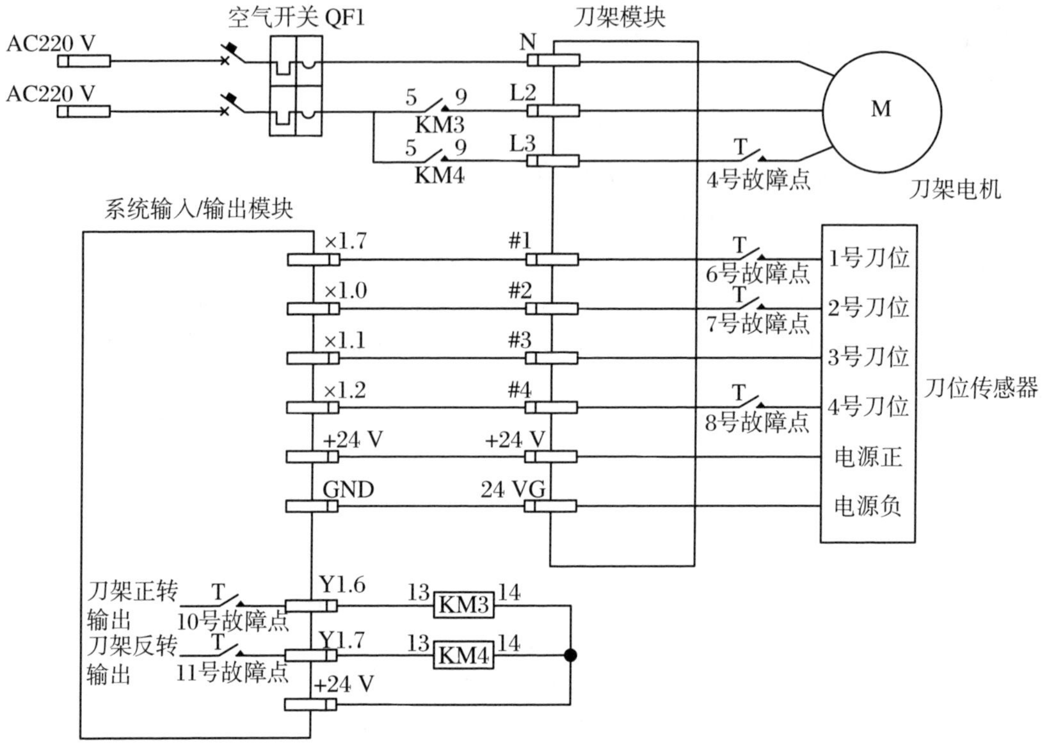

图3.13　第10、11故障点位示意图

9. 第12故障点设置于系统主轴模拟量输出上

现象:故障点设置后按下主轴正/反转或者在MDI方式下录入主轴指令后,主轴不旋转。

检测方法如下:

(1) 按下系统主轴正反转按键,查看主轴正/反转继电器是否吸合。

(2) 使用万能表测量主轴模拟电压输出接口是否有电压输出。

系统通过0~10 V的模拟电压来控制主轴的转速大小,正常情况下主轴模块SVC与GND之间会存在0~10 V的模拟电压,当主轴正/反转信号输出到驱动器后,驱动器会根据此时的模拟电压大小来控制转速。

所以让主轴能转起来的条件有两个:第一,要有正转或者反转信号输出到驱动器上CW/CCW上;第二,要有模拟电压输出至驱动器AOUT与GND上。当上边出现故障9的情况时,就是驱动器缺失了反转信号,所以主轴不能反转。当正/反转继电器有信号输出的情况下,主轴仍然不旋转的情况时,就要测量系统主轴模块下的SVC与GND之间有无模拟电压输出。

当在系统MDI方式下写入一个主轴转速指令后,如果测量出系统主轴模块上的SVC与GND之间没有电压,则可以判定位系统模拟电压输出故障,如果测量出来有0~10 V的直流电压而主轴没有旋转时,需要检查继电器触点接线。

第12故障点位示意图如图3.14所示。

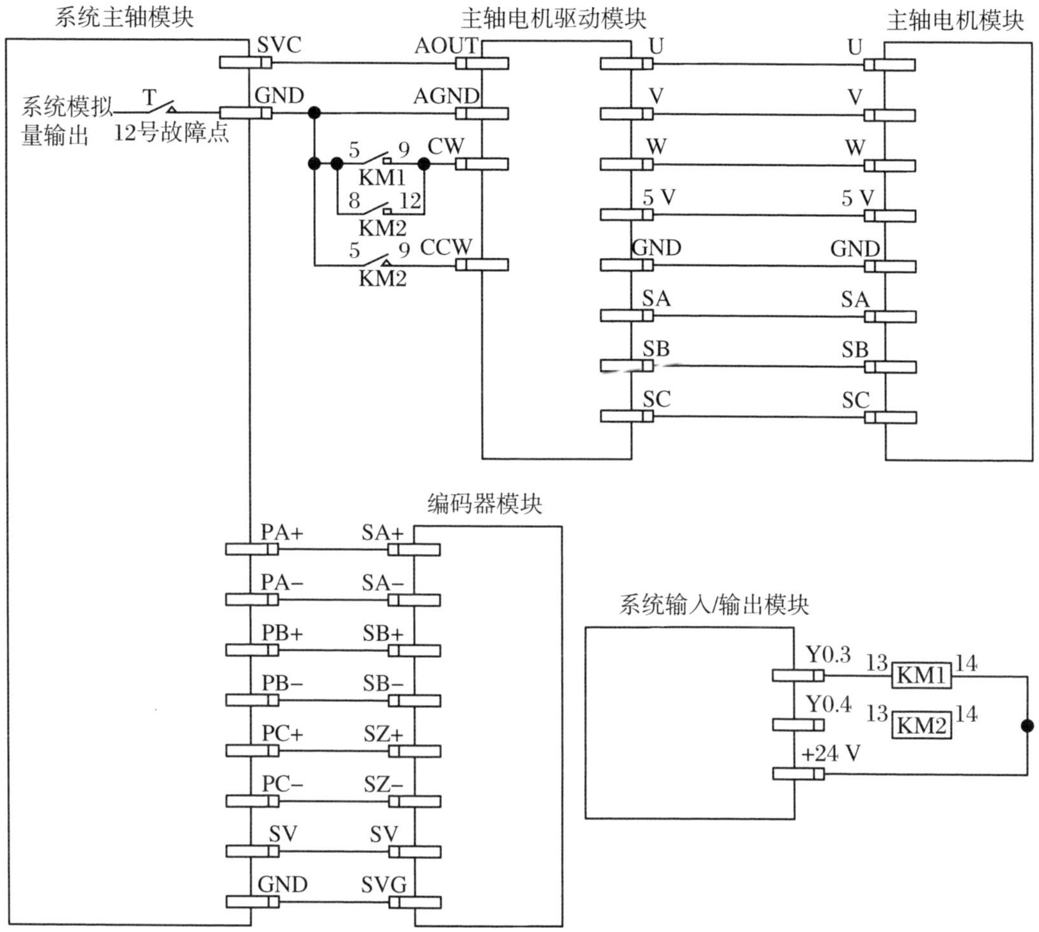

图3.14　第12故障点位示意图

10. 第13故障点设置于Z轴电机编码器电源上

现象：故障点设置后Z轴便不会移动，Z轴驱动器报警灯亮起。

检测方法如下：

（1）关断电源后测量电机A+、A−、B+、B−电机线是否有断路。

（2）上电后使用万能表测量Z轴编码器SA+、SA−、SB+、SB−之间是否存在5 V电压。

此故障与故障2的情况类似，同样是Z轴不能移动，Z轴驱动器报警灯亮起。初次检查时关断电源，使用故障2的方式排查电机线是否存在断路情况。如果没有发生电机线短路，则需要查看电机编码器是否出现故障。

在正常情况下，电机编码器在得到5 V的驱动电压后便会通过信号反馈线SA和SB，把位置信号反馈给驱动器，使用万能表测量SA+、SA−、SB+、SB−之间会有一定的电压。如果两组反馈线都测量不到电压，则判断编码器电压输入故障；当其中一组反馈线测量不到电压，则需要检查反馈线是否连接妥当。

第13故障点位示意图如图3.15所示。

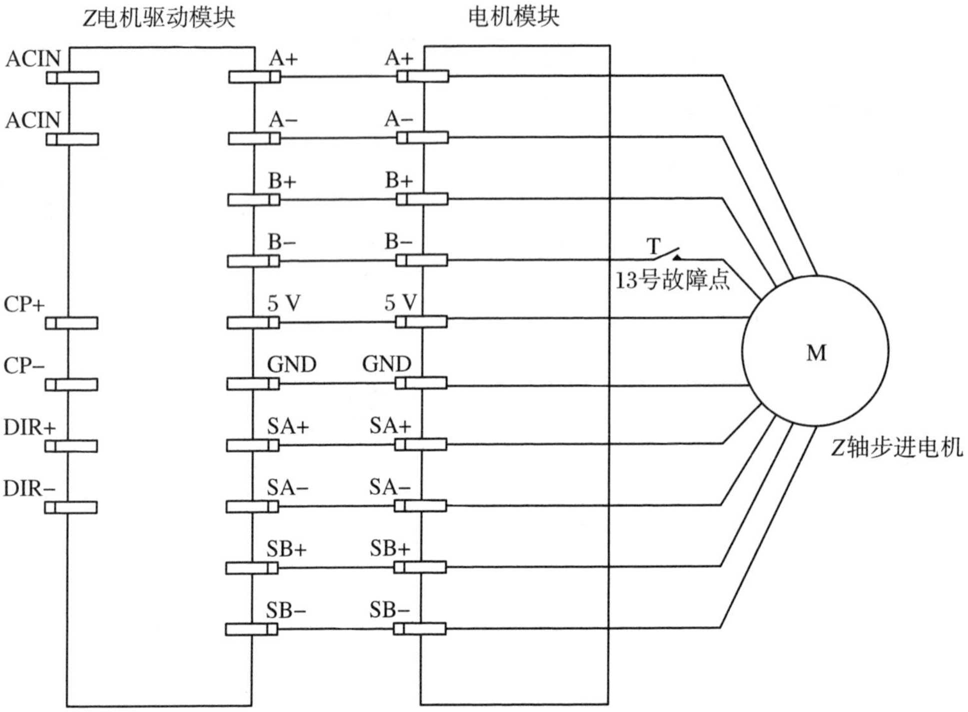

图3.15　第13故障点位示意图

项目4　数控铣床对刀操作

【项目目的】

1. 熟悉数控铣床的基本操作方法。
2. 初步了解数控铣床的对刀方式。

【项目内容】

通过连接各元部件使机床正常工作。手动操作机床移动,安装工件与刀具,并为其进行对刀操作。

【项目设备】

1. 综合实验台(一台)。
2. C00031数控铣床。

【项目步骤】

1. 开机回零

(1) 打开实验台电源,等待系统开机完毕。

(2) 按"机床零点"键,进入机床回零操作方式,页面的最下方显示"机械回零"字样,显示如图4.1所示。

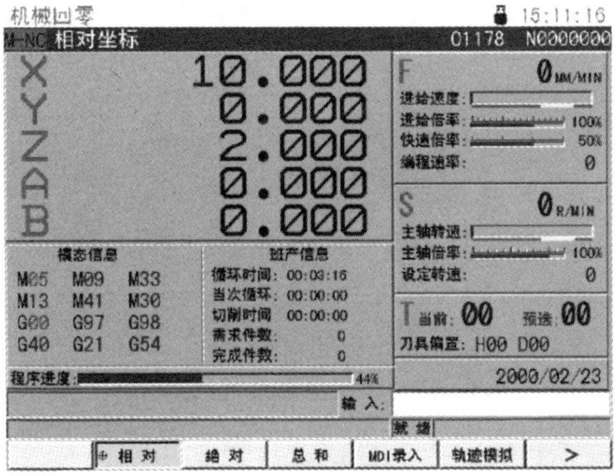

图4.1　系统页面

(3) 首先让Z轴回零,此时点击“Z”键,让Z轴先回到机械零点。

(4) Z轴回零完成后再按下“X”“Y”键,让X轴与Y轴也回到机械零点。

(5) 机床沿着机床零点方向移动,经过减速信号、零点信号检测后回到机床零点,此时轴停止移动,回零结束指示灯亮。

2. 安装工件

当各轴回零完成后可以安装工件于分度头/卡盘上。

(1) 首先把工件安装于4轴卡盘中,如图4.2所示,使用卡盘钥匙把工件稍微锁紧一点。

图4.2　材料放入卡盘并稍微锁紧

(2) 将卡盘钥匙拔出,按下“手轮”键,使用手轮将4轴旋转过一定角度,找到第2个卡盘钥匙锁紧点。如图4.3所示。将卡盘钥匙插入第2钥匙孔内,再稍微锁紧工件。

图4.3　转动卡盘稍微锁紧第2钥匙孔

(3) 使用同样的方法,找到钥匙孔3,再稍微锁紧工件。

(4) 最后回到第1个钥匙孔,用力锁紧工件,然后去到第2个钥匙孔再用力锁紧工件,最后到第3个钥匙孔,用力锁紧工件。

(5) 用手轮方式转动4轴,查看工件的抖动情况,若没有过大的不同心抖动,即可完成工件安装;如果工件发生较大的抖动,则需要松开工件重新装夹,直至不晃动即可。

3. 安装刀具

(1) 将要用到的铣刀插入钻夹头孔内,如图4.4所示,然后使用钻夹头钥匙对铣刀进行锁紧操作。

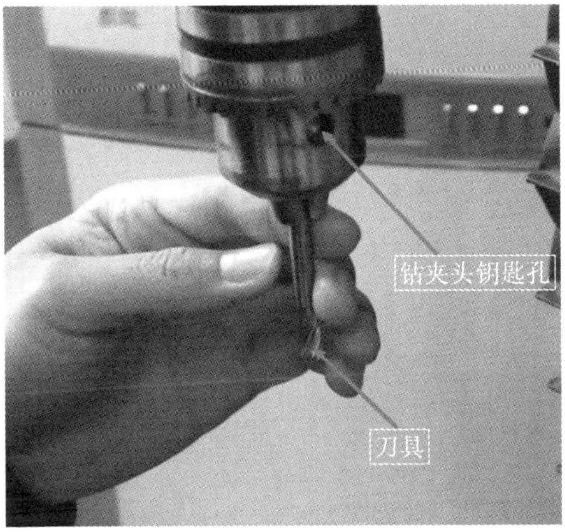

图4.4　装刀

(2) 与安装工件的操作一样,需要对3个钥匙孔都进行锁紧操作,均匀用力。

(3) 安装完刀具后,在系统界面按下"MDI"键,进入录入模式,然后在位置界面内输入M3 S500,随后按下"循环启动"键,让主轴旋转起来,观察刀具是否晃动,如果晃动不大则可以按下"复位键(RESET)",停止主轴转动。如果晃动大,则需要按复位键停止主轴重新装刀(图4.5)。

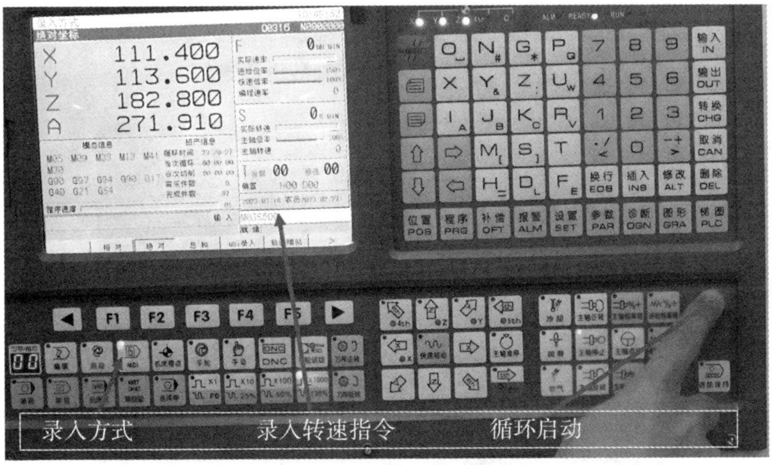

图4.5　系统输入主轴转动指令

4. *X*轴对刀

对刀前先使用录入方式输入转速指令让主轴旋转起来,与上个步骤方法一样。

(1) 按下"手轮"键,使用手轮方式移动轴,让*Z*轴下降至工件侧面,然后慢慢地移动*X*和*Y*轴使其慢慢靠近工件侧表面,直至刚好碰到工件侧表面,如图4.6所示。

图4.6　刀具触碰材料端面

(2) 当刀具刚好碰到工件侧表面后，回到系统界面处点击“位置(POS)”键，然后点击相对坐标，将X轴相对坐标清零，如图4.7和图4.8所示。

图4.7　相对坐标的X轴数值清零

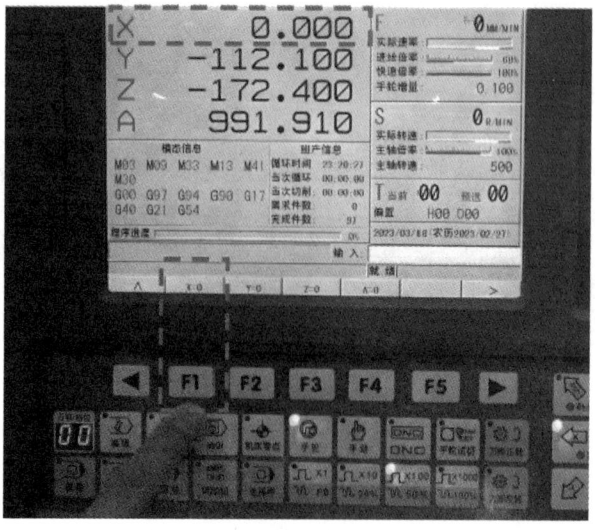

图4.8　按$X=0$

(3) X轴相对坐标清零后，再次回到手轮方式，将刀具往Z轴正方向移动至材料上方，然后往X轴负方向移动刀具半径的距离，例如刀具半径是3 mm，就往负方向移动3 mm的距离，如图4.9和图4.10所示，可以通过查看当前的X轴相对坐标来进行移动操作。

图4.9　Z轴往上移动稍微远离材料

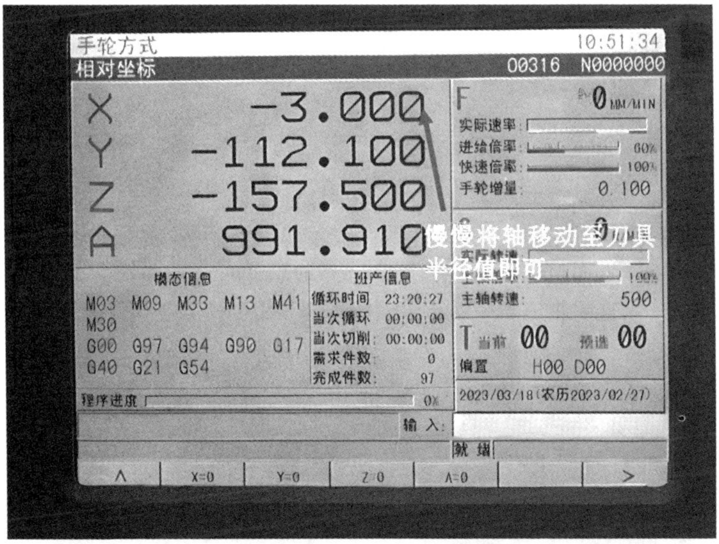

图4.10　X负方向移动

(4) 按下"设置(SET)"键进入工件坐标设置界面，此时系统光标自动放置在G54坐标系内。此时需要按"X"键，再按"IN"键，把当前机床坐标设置进G54工件坐标内。如图4.11和图4.12所示。

5. Y轴对刀

(1) 使用手轮方式将刀具移动至工件的前侧面如图4.13所示，然后慢慢地移动Y轴向工件靠近，直至刚好碰到工件前表面。

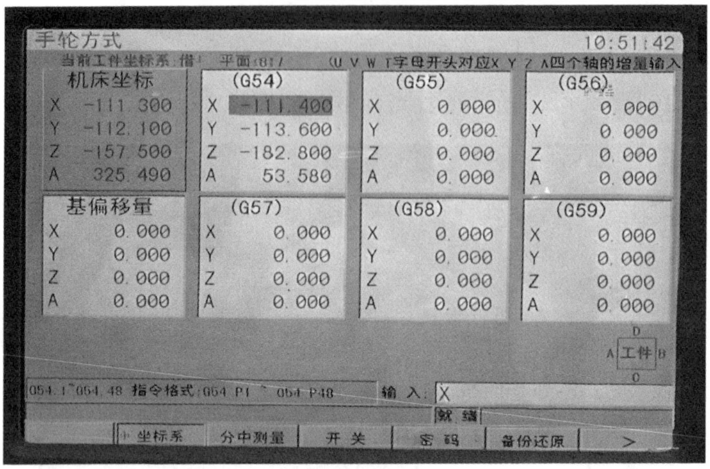

图 4.11　在 G54 输入 X 坐标数值

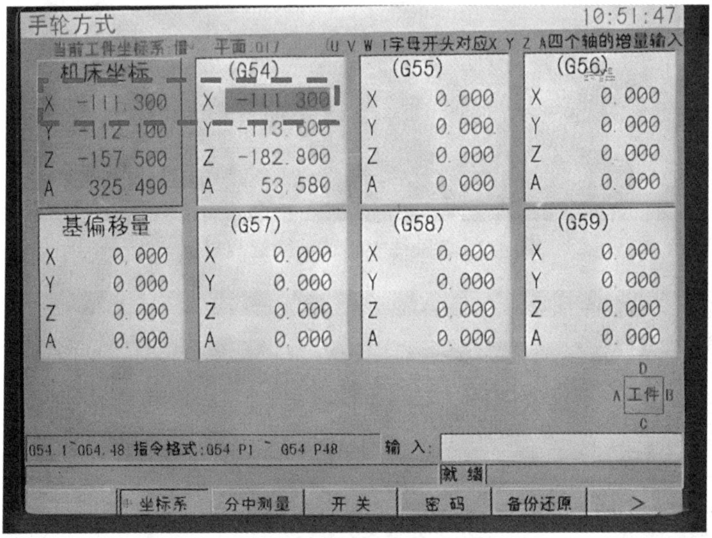

图 4.12　确认数值

图 4.13　刀具触碰工件前表面

(2) 与X轴对刀的方法一样,回到系统界面,按下“位置”键,然后按下相对坐标,将此时的Y轴相对坐标清零。如图4.14所示。

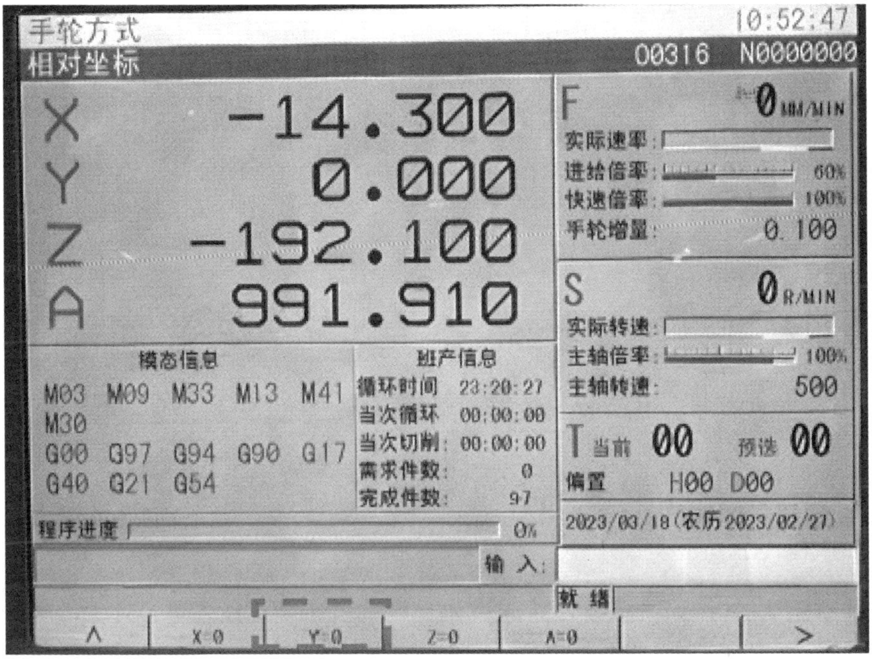

图4.14 Y轴相对坐标清零

(3) 使用手轮模式将Z轴抬升到安全位置,然后我们需要知道工件的直径尺寸,需要提前使用游标卡尺测量工件直径,例如工件直径为38 mm,则工件半径为19 mm,刀具半径为3 mm。Z轴抬升至安全位置后,将Y轴往正方向移动工件半径+刀具半径的距离,也就是22 mm,如图4.15所示。

图4.15 移动Y轴

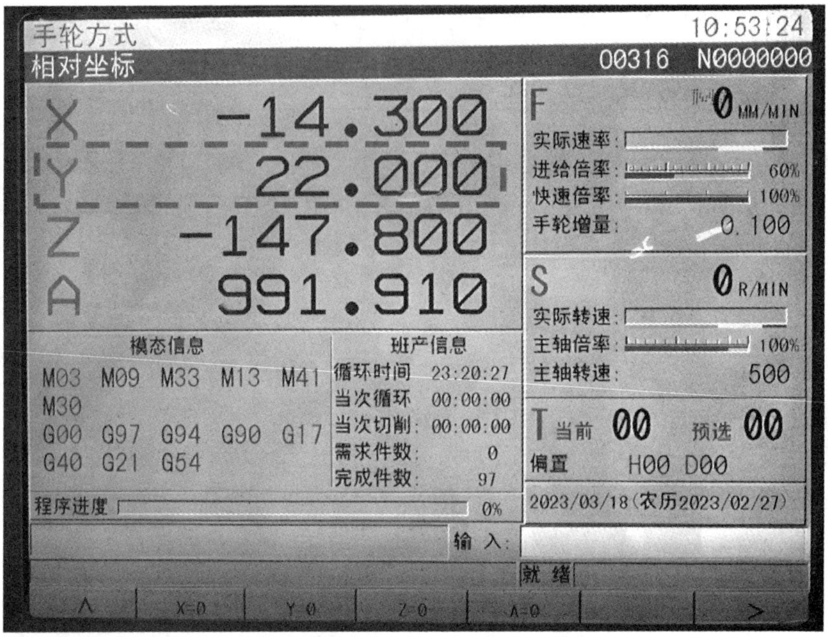

图4.16 检查数值

(4) 移动完毕后,按下系统设置键,把*Y*轴此时的机床坐标设置进G54工件坐标中,此时需要按“Y”键,再按“IN”键,如图4.17所示。

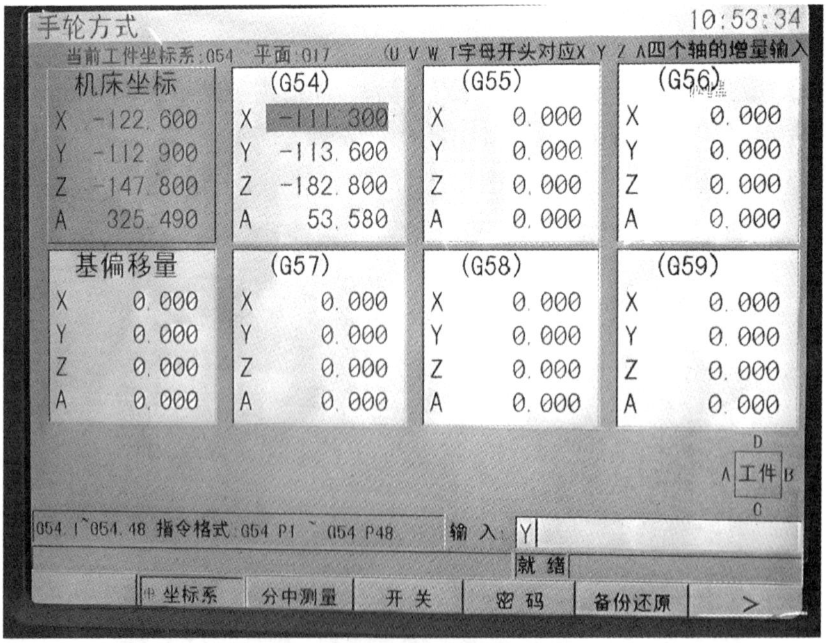

图4.17 G54坐标输入*Y*数值

6. *Z*轴对刀

(1) 对Z轴坐标时要确保刀具在材料*Y*轴方向的工件零点上,也就是上个步骤对刀得出的工件*Y*轴中心位置,即相对坐标下的*Y*轴坐标为22的这个地方,如果当前*Y*轴不在此位置,则需要通过手轮方式将其移动至正确的位置。

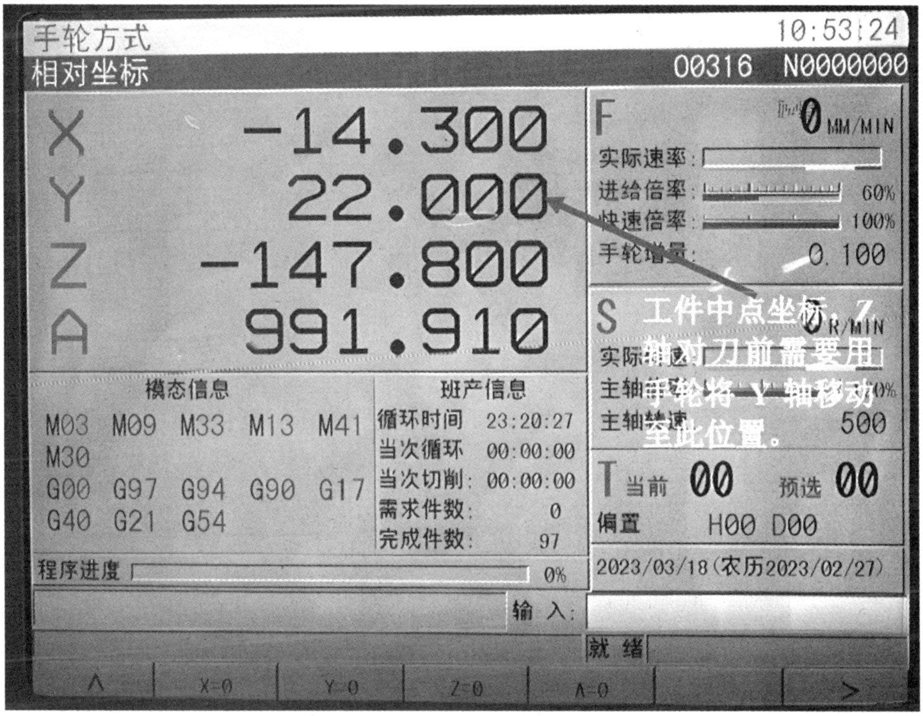

图4.18　当前Y位置对Z的坐标

（2）当刀具移动至Y轴工件零点后，使用手轮将刀具慢慢地下降至工件上表面，让其轻微碰触。如图4.19所示。

图4.19　Z轴往下移动触碰材料

（3）与其他轴的方法一样，将此时的Z轴相对坐标清零，如图4.20所示。

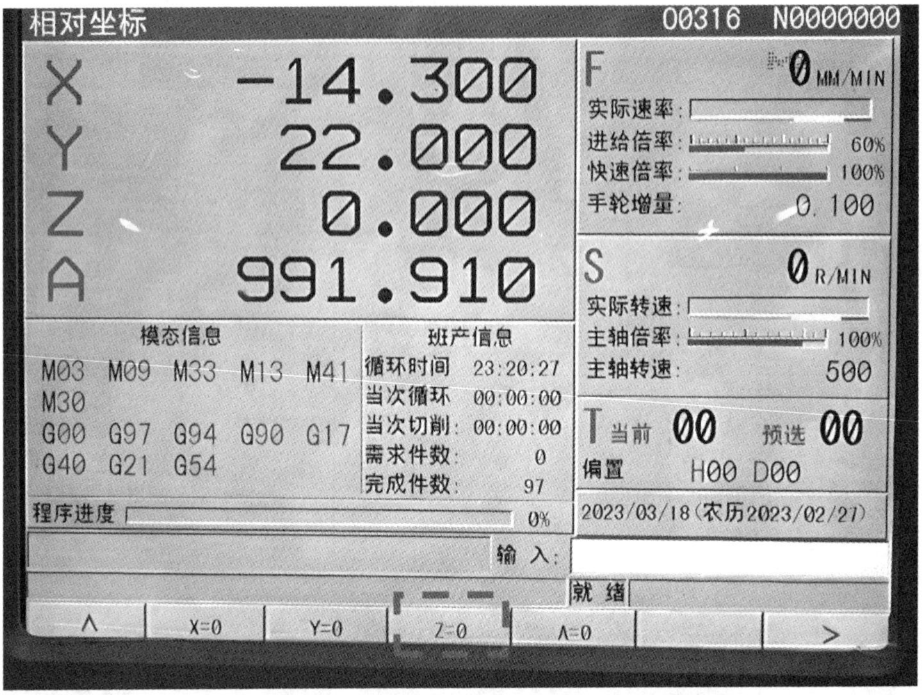

图4.20 相对清零

(4) Z轴相对坐标清零后,将Z轴往外移动至工件右侧,然后慢慢向下移动至工件半径位置,也就是Z为19的这个位置,如图4.21和图4.22所示。

图4.21 移动刀具Z负方向到材料半径的位置

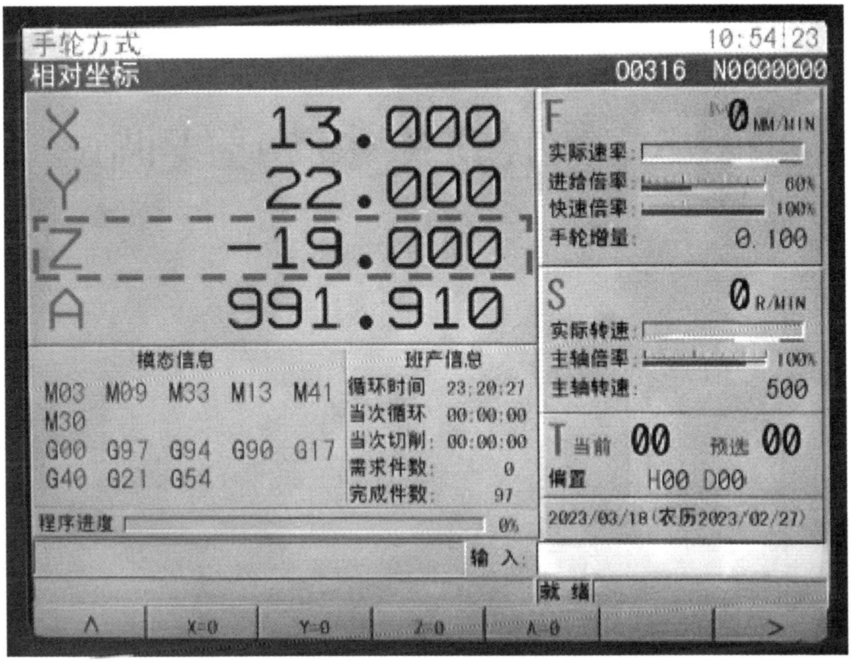

图4.22 检查数值

(5) 进入设置界面将此时的Z轴机床坐标设置进G54工件坐标中,按"Y"键,再按"IN"键,如图4.23所示。

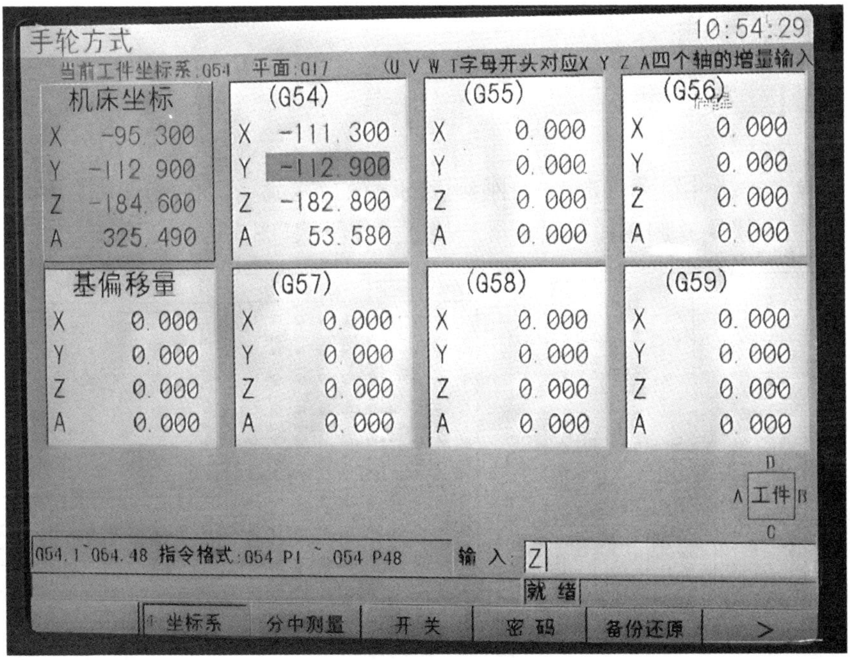

图4.23 输入Z坐标

7. 最后将Z轴向上抬升至安全位置即可完成对刀操作

项目5　数控铣床系统接线调试

【项目目的】

1. 熟悉数控系统接线方式。
2. 初步了解数控系统调试方法。

【项目内容】

通过连接各元部件使机床正常工作。

【项目设备】

1. 综合实验台(一台)。
2. C00031数控铣床。

【项目步骤】

由于实验台元部件较多且密集,对刚接触的学生会造成一定程度的困扰,所以尽量按顺序接线,接好一个模块并调试完成后再继续接下一个模块(图5.1)。

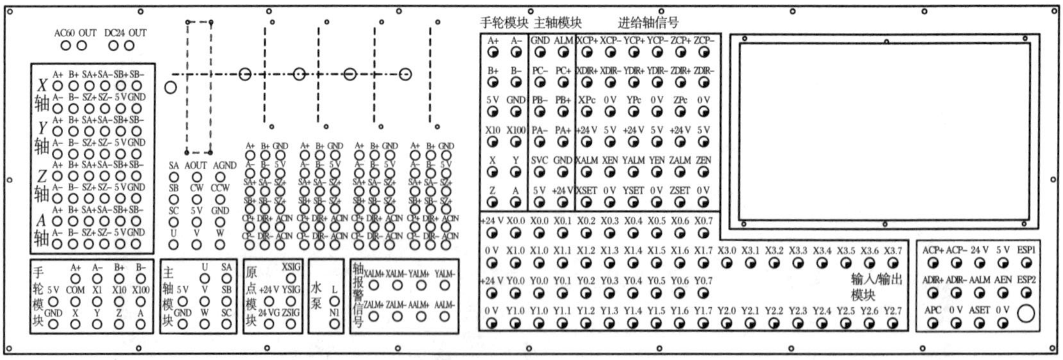

图5.1　系统面板

1. 急停开关接线

出于安全起见,在连接其他电气模块之前应先接通急停开关,当在测试机床时,出现任何突发情况要及时拍停急停开关。急停开关安装于数控系统面板的右下方,其中ESP1与ESP2为急停开关的两个接头触点。

按图5.1连接系统与急停开关,急停开关正常状态下旋帽是弹起状态,紧急情况下需要往下拍。

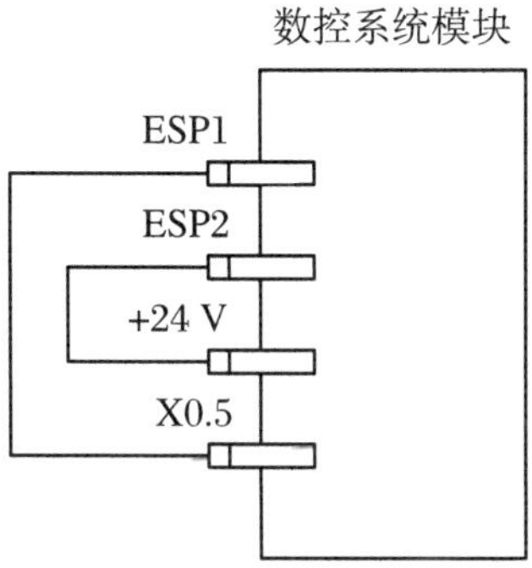

图5.2 急停开关接线图

2. 进给轴模块接线

(1) 进给轴信号模块

进给轴模块引线由系统进给轴的输出及输入端口组成,其中XCP+和XCP−为系统脉冲输出接口,用于发送定位脉冲信号给驱动器使用,DIR+和DIR−为系统方向信号输出接口,用于发送方向信号给驱动器使用,ALM信号为系统接收驱动器报警信号线。需要与驱动器接口相匹配,24 V为系统24 V电压输出,0 V为系统0 V接口(图5.3)。

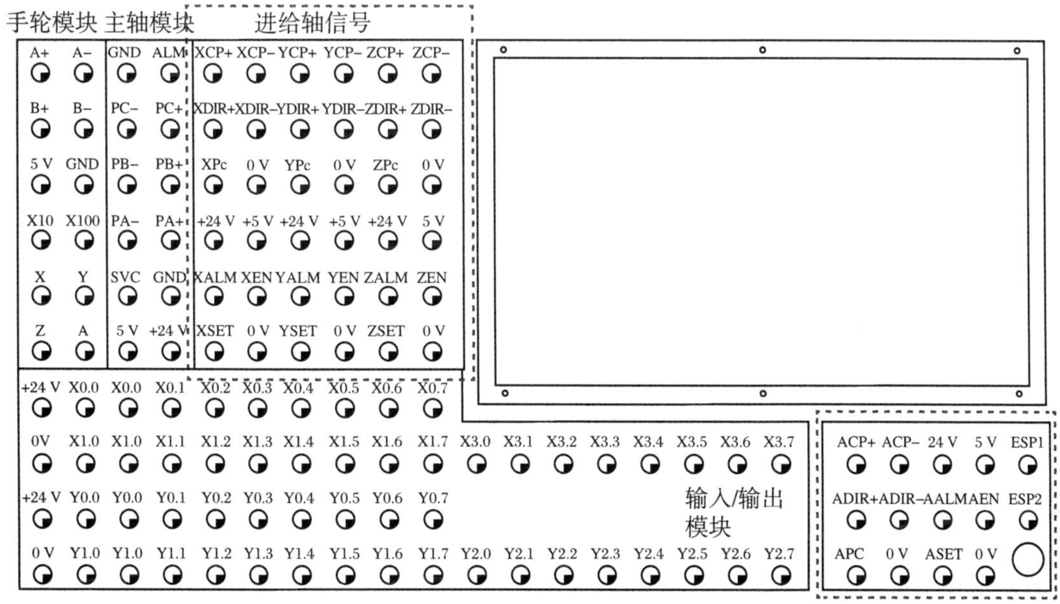

图5.3 进给轴信号模块

(2) 电机驱动器模块

安装于各轴驱动器下方的引线,用于驱动器接收系统信号及驱动电机等功能,其中A+、A−、B+、B−是驱动器的电机输出线,用于连接电机动力线,SA+、SA−、SB+、SB−是驱动的编码器反馈线,用于接收电机编码器的位置反馈,5 V和GND为驱动器为电机编码器提供电力的电源线,CP+和CP−是驱动器接收系统发送脉冲信号的接口,DIR+和DIR−则是驱动器接收系统发送方向信号的接口。ACIN是驱动器的电源线,用于提供驱动器电力(图5.4)。

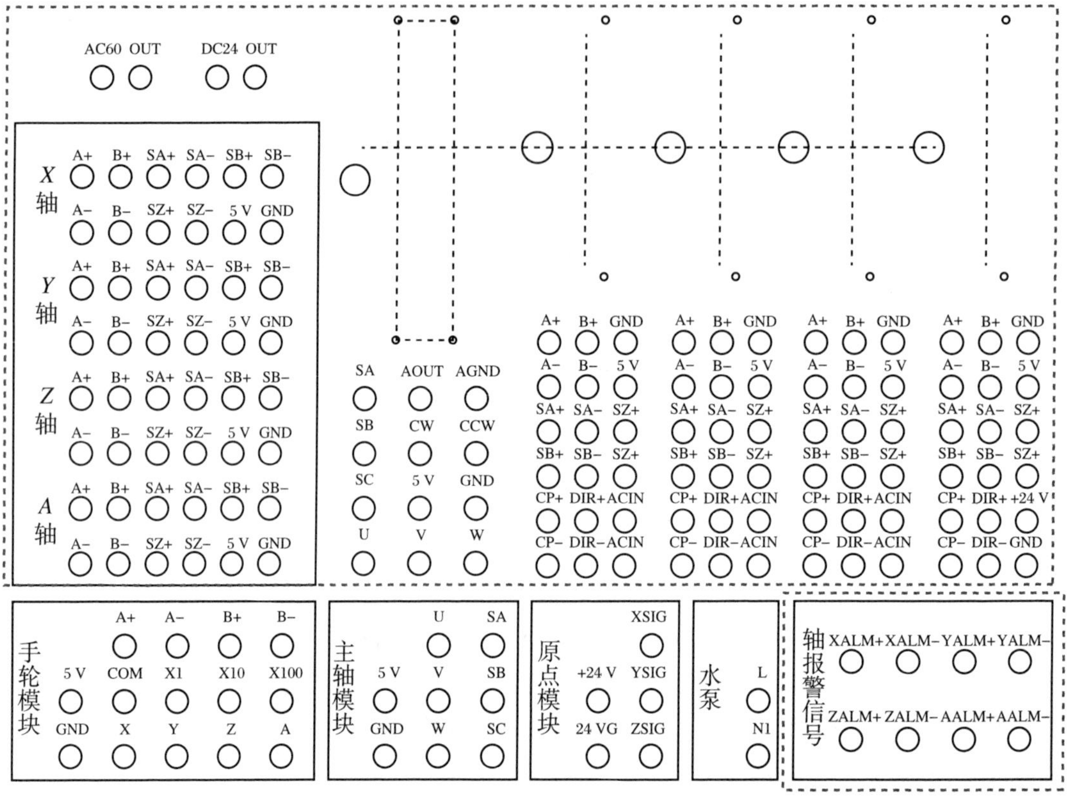

图 5.4　电机驱动器模块、电机模块、电机报警模块、电源输出

（3）电机模块

面板左上方则是各轴闭环步进电机的引出线，驱动器通过控制电机来实现各轴的移动。其中A+、A−、B+、B−为电机动力线，需要接到驱动器相应的接口处，5 V、GND SA+、SA−、SB+、SB−为电机编码器线，用于向驱动器反馈电机位置信号。

（4）电机报警模块

报警模块是驱动器根据电机的运作情况进行报警输出的接口，当驱动器故障或者电机过载时，会向外发出报警信号，接口由XALM+和XALM−组成。

（5）电源输出

在面板的左上方有为驱动器提供电力供应的接口，AC60和OUT为交流60 V电压输出接口，两个红色接口皆为交流电压输出，DC24和OUT为直流24 V输出接口，红色的接口为24 V正电压输出，黑色的接口为0 V输出。

（6）*X*、*Y*、*Z*轴进给轴接线

C000031数控铣床有4个进给轴，分别是左右移动的*X*轴，前后移动的*Y*轴，上下移动的*Z*轴，安装于工作台上旋转的*A*轴。

我们规定*X*轴向左移动为正方向，向右移动为负方向。*Y*轴向外移动是正方向，向内移动是负方向。*Z*轴向上移动是正方向，向下移动是负方向。当我们接线完毕后运动轴方向一定要按照此方向调试，因为原点开关是固定的，回原点方向也就固定了，所以轴的运动方向必须与规定相符合。

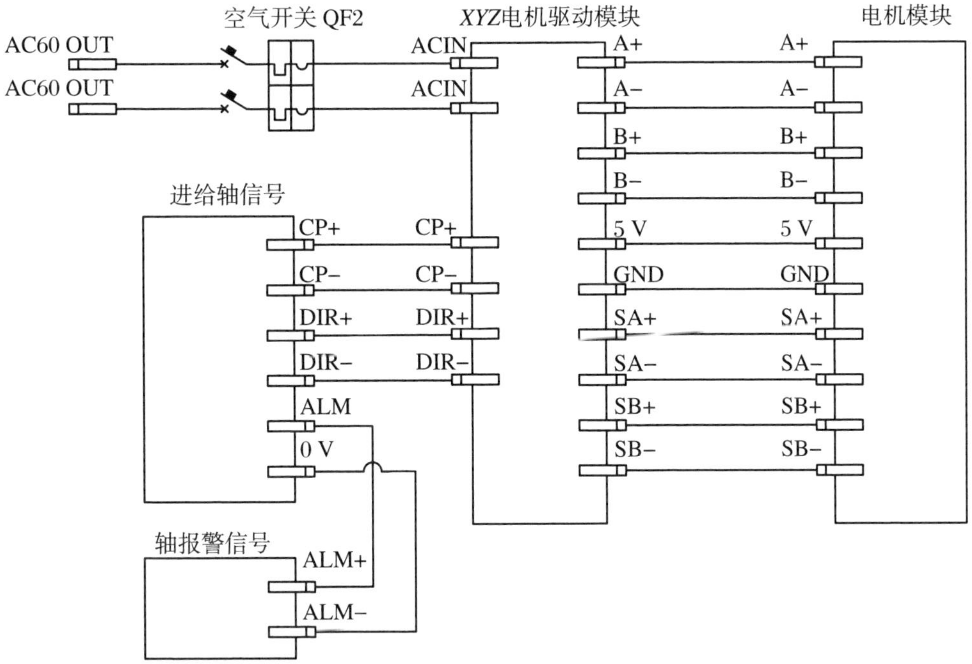

图 5.5　进给轴接线图

需要特别留意A轴驱动器使用的是直流24 V电压输入，与X、Y、Z轴驱动器的输入电压是不同的。

（7）A轴进给轴接线

如图5.6所示把数控铣床4轴的电机控制线连接完成，注意连接时分清各轴的脉冲输出线，分配好各个电机驱动模块，比如连接X轴系统脉冲输出时我们需要使用到XCP与XDIR，连接Y轴系统脉冲时需要使用到YCP与YDIR。

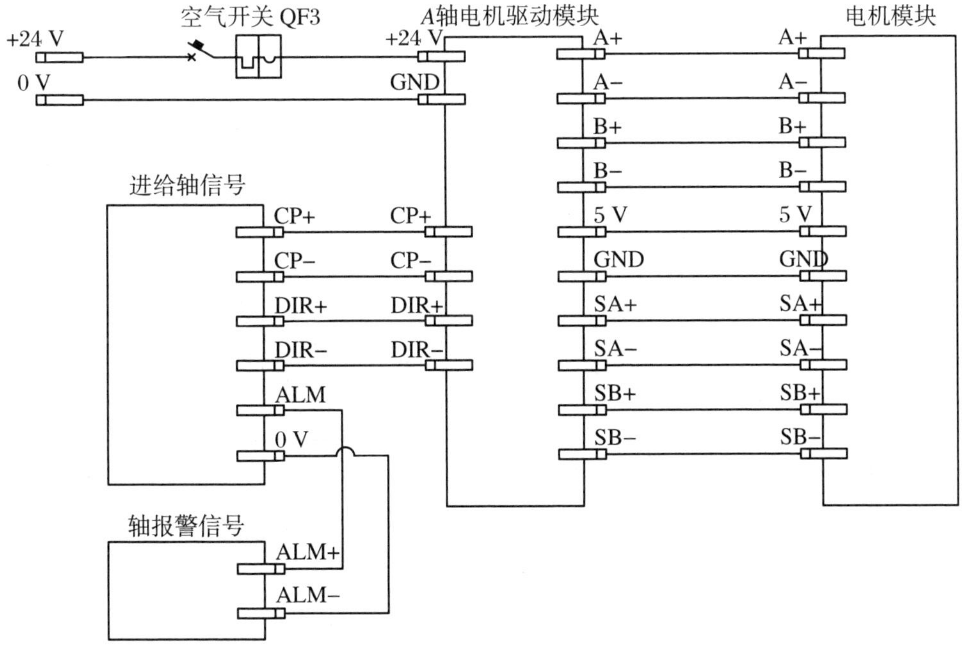

图 5.6　A轴接线图

当使用X轴脉冲输出连接到对应的1号驱动模块后，1号驱动模块也应该驱动X轴步进电机，避免出现系统控制轴出错。

当我们连接好进给轴各个部件后，打开数控系统，进入手动模式，使用手动方式移动各轴，运动时查看轴的运动方向与轴坐标是否一致（图5.7）。

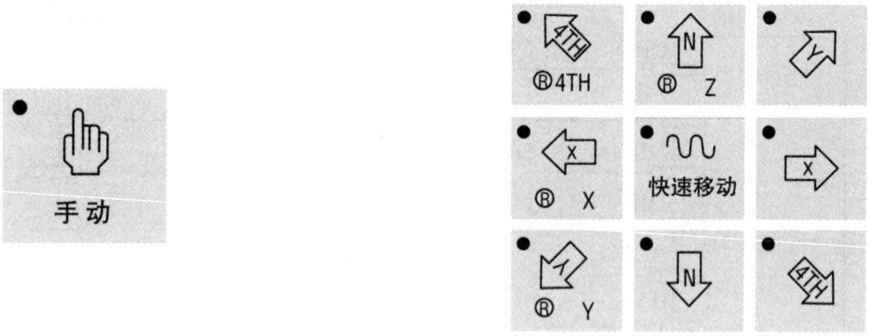

（a）手动模式按键　　（b）手动模式移动轴按键

图5.7　手动移动按键

3. 原点模块接线

（1）原点开关模块

集成了铣床3轴的原点接近开关接口，用于连接系统与轴原点开关，其中+24 V与24 VG为接近开关电源，XSIGN、YSIGN、ZSIGN为各轴的接近开关信号（图5.8）。

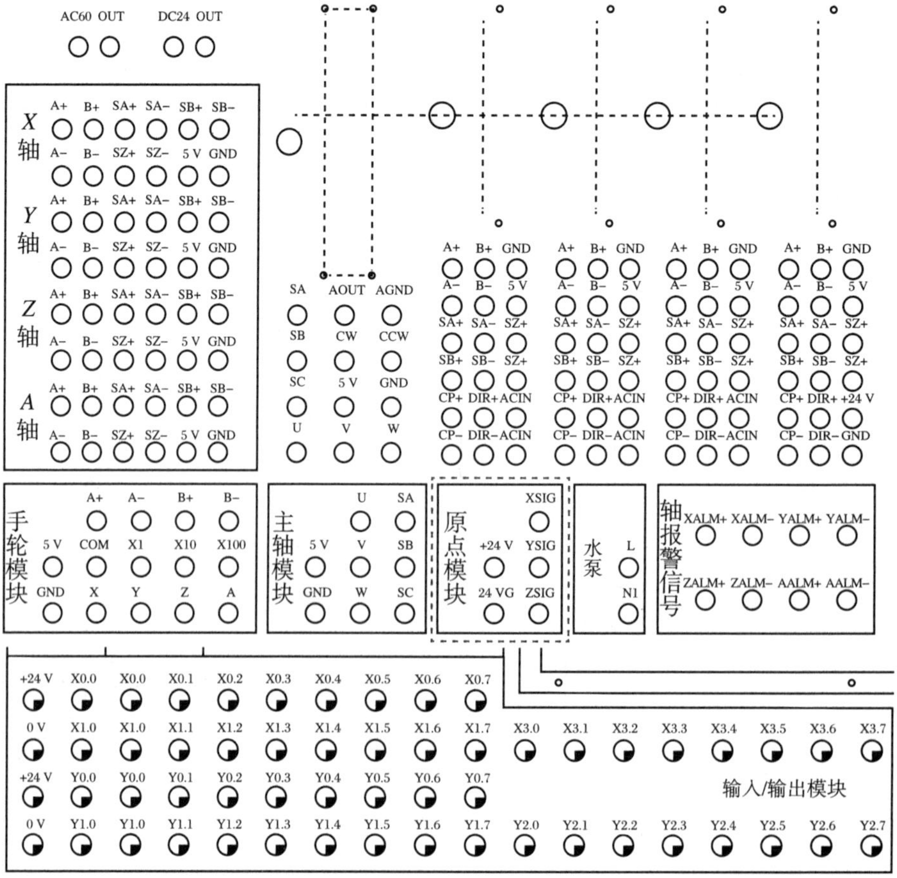

图5.8　原点开关模块、系统输入/输出模块

(2) 系统输入/输出模块

原点开关模块需要与系统输入模块进行对接，系统输入模块中X0.3为*X*轴原点减速信号，X1.5为*Y*轴原点减速信号，X1.3为*Z*轴原点减速信号。

按图5.9连接好原点开关模块与系统控制模块。注意连接时不要搞错原点开关对应的系统IO口，否则回原点时会由于检测不到开关而撞车。

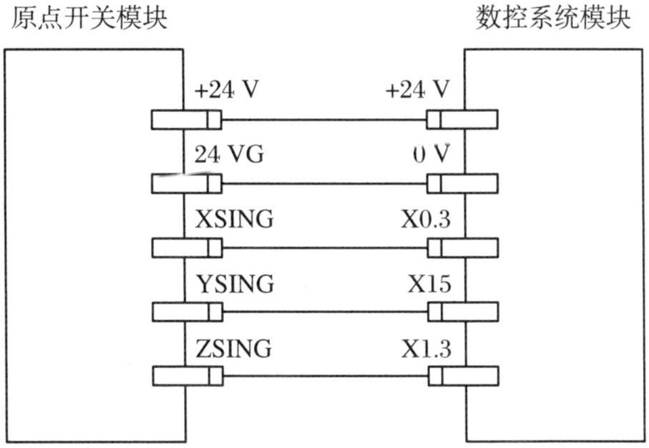

图5.9 原点模块接线图

对接完成后，进入系统机械回零模式中，再依次按下"X""Y""Z"的移动键进行回零操作。

4. 主轴模块接线

(1) 主轴模块

主轴模块为系统控制主轴转动的输出端口，SVC为主轴模拟量正输出口，GND为主轴模拟量0 V输出口(图5.10)。

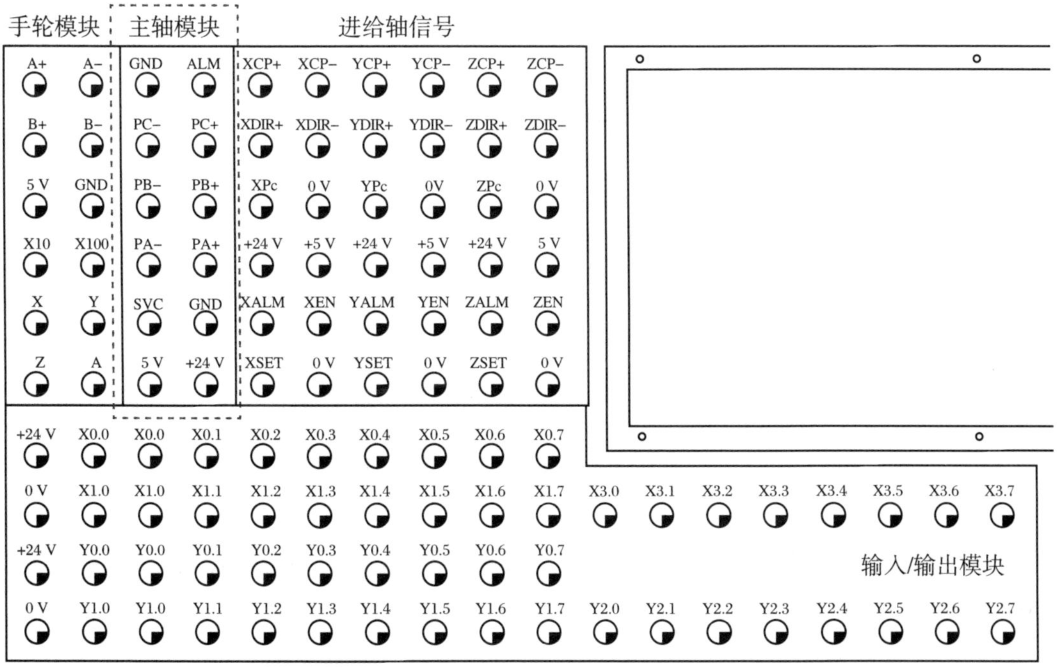

图5.10 主轴模块

（2）主轴驱动器模块

主轴电机模块用于连接系统控制主轴电机转速，其中驱动器模块上SA、SB、SC为驱动器的编码器接口，5 V和GND为编码器电源接口，U、V、W为驱动器的电机动力输出接口，AOUT和AGND为系统模拟量接收端口。CW和CCW为系统正/反转接收端口（图5.11）。

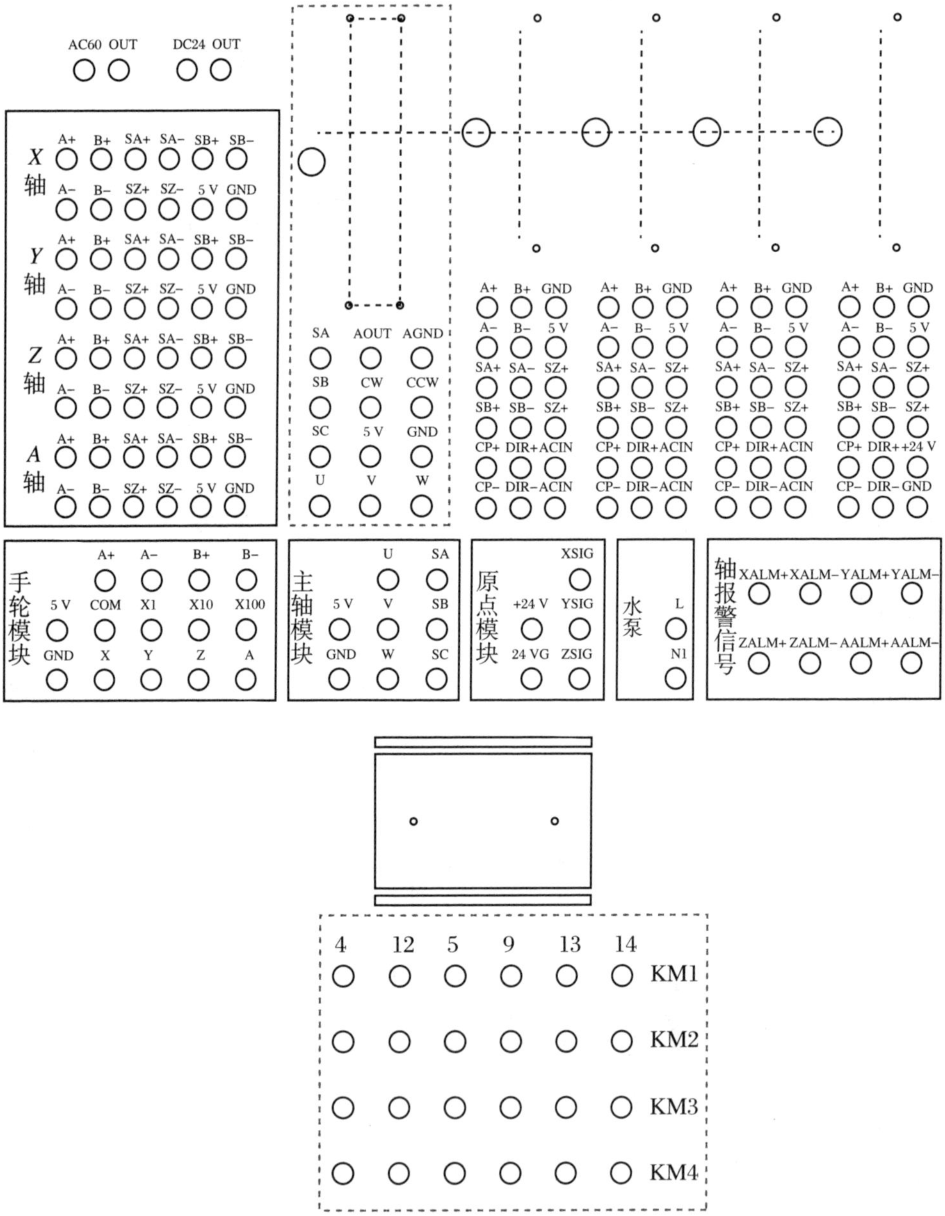

图5.11　主轴驱动器模块、主轴电机模块、继电器模块

（3）主轴电机模块

U、V、W为主轴电机动力线输入接口，SA、SB、SC为主轴电机编码器输出接口，5 V和GND为编码器电源接口。

（4）系统输入/输出模块

由于电机正反转由系统输出信号决定，所以系统需要通过中间继电器来给主轴驱动器输出正反转信号，Y0.3为主轴正转输出信号，Y0.4为主轴反转输出信号，+24 V为系统24 V输出线(图5.12)。

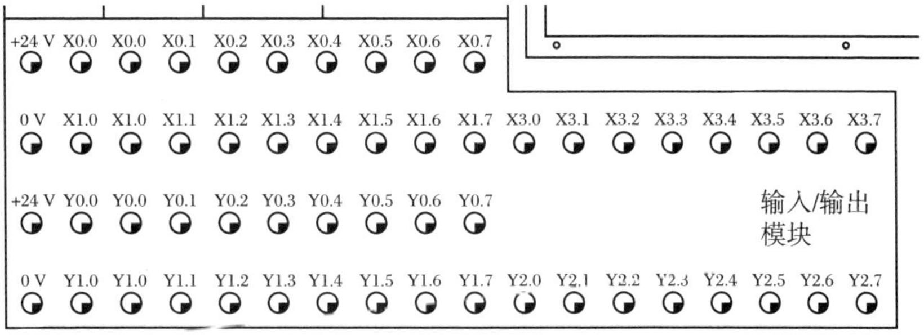

图5.12　系统输入/输出模块

(5) 继电器模块

继电器模块上集成了4个直流继电器，其中13/14脚为继电器线圈，5/9为一组常开触点，4/12为一组常闭触点，与车床实验台不同的是，在铣床面板位置不充裕的情况下每个继电器只引出了1组常开与1组常闭接口，当需要使用同个信号带动两组常开触点的情况下需要多接一个继电器，如图5.13所示。

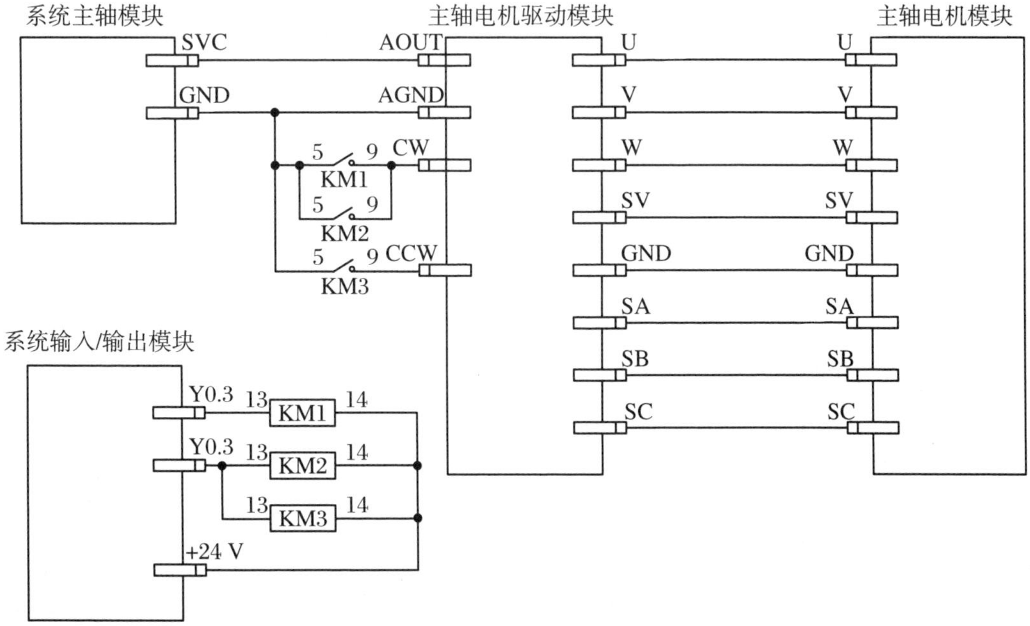

图5.13　主轴模块接线图

数控系统通过控制继电器的闭合来给驱动器正反转信号。通过控制0~10 V模拟量来给驱动器转速大小信号。主轴需要正/转时需要给驱动器CW信号对接系统的GND信号，主轴需要反转时需要同时给驱动器CW和CCW信号对接系统GND信号。

对接完成后使用录入方式输入指令让主轴正反转测试。

先按下“MDI”录入键，再按下“位置(POS)”键，然后进入MDI录入界面，在界面内依次输入M3 S500后按下“输入(IN)”键，随后看见程序段录入系统后即可按下“循环启动”键，启动主轴正转(图5.14)。

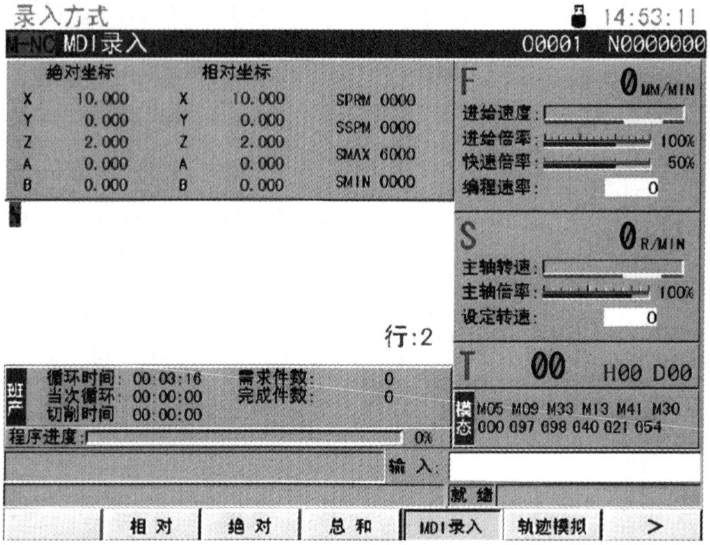

图 5.14 MDI录入界面

5. 手轮模块接线

(1) 实体手轮模块

实体手轮模块上的A+、A-、B+、B-为手轮的手摇编码器输出线，用于把手摇的运动信息传递给系统，5 V和GND为编码器的电源输入端，X、Y、Z、A为手轮的轴选信号线，X10和X100为手轮的挡位信号线，COM为轴选与挡位开关的公共端(图5.15)。

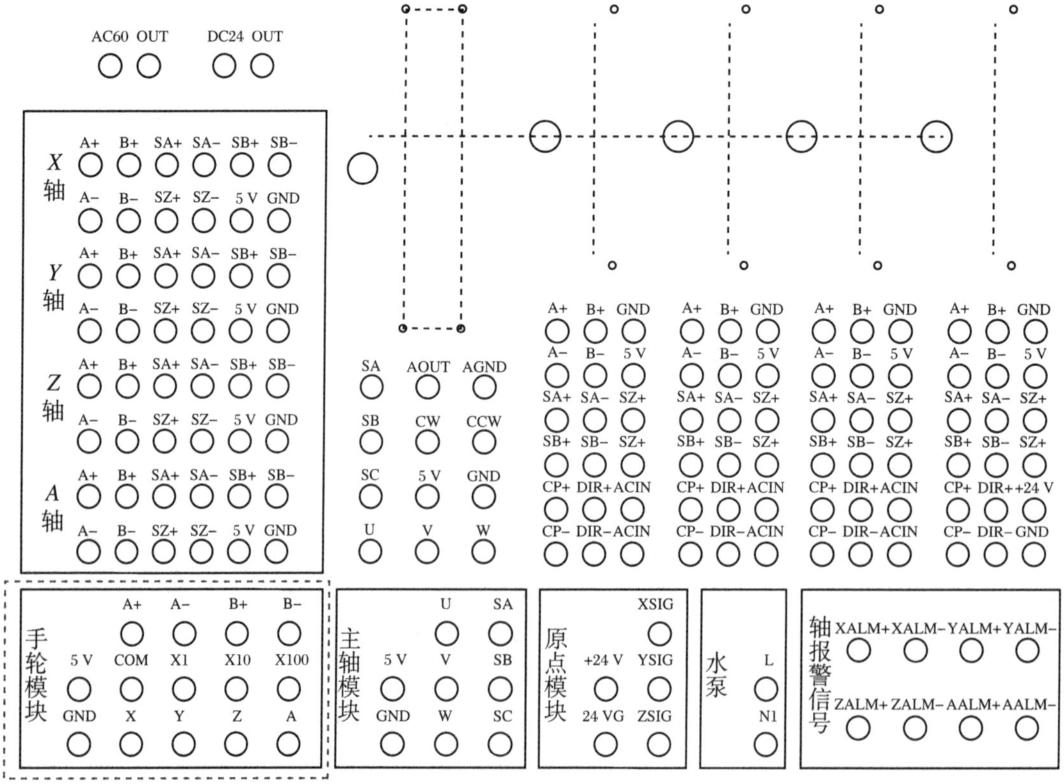

图 5.15 实体手轮模块

（2）系统手轮模块

系统手轮模块中的A+、A-、B+、B-为系统接收手轮位置信号的接口，5 V和GND是提供给手轮编码器电源电压的输出端口，X、Y、Z、A为接收手轮的轴选信号线，X10和X100为接收手轮的挡位信号线（图5.16）。

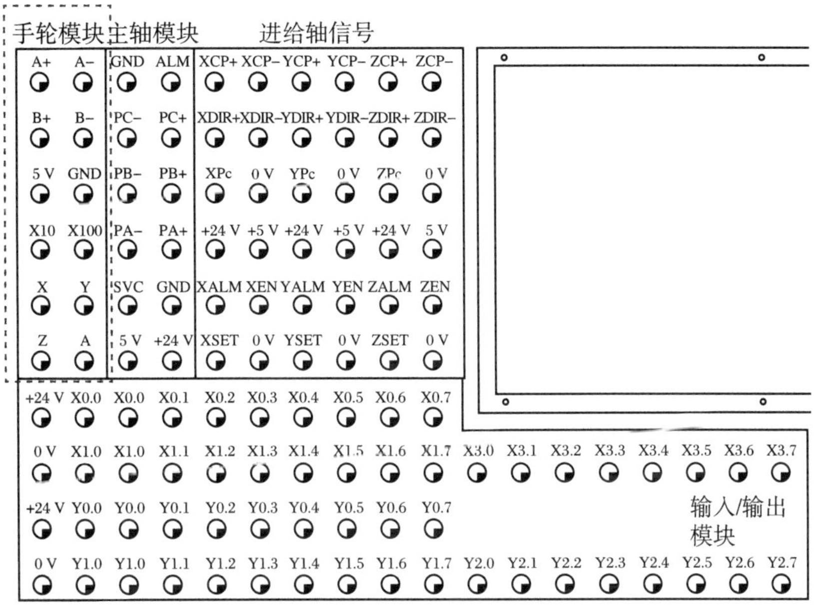

图5.16　系统手轮模块

对接完成后按下“手轮”键，然后拿起电子手轮把各个轴与挡位都测试一遍（图5.17）。

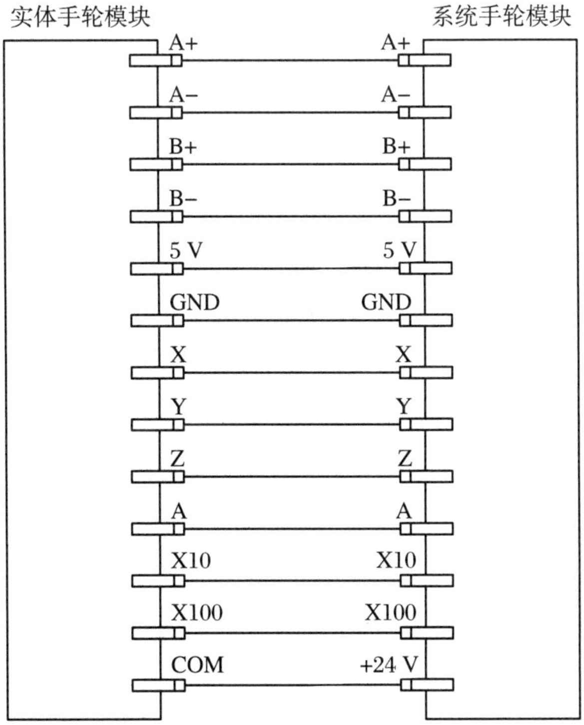

图5.17　手轮模块接线图

项目6　智能制造生产线整线启动工作

生产线整体启动前的准备，当三轴机械手的各个坐标都测定完成，六轴机械手的各个点位也调整完毕后，需要对线上车床和铣床进行对刀操作，最后选定加工程序。在确保每个环节都正常的情况下，启动整线流程：

任务1：生产线上车床对刀工作。

任务2：生产线上铣床对刀工作。

任务3：整机运行前的准备工作。

任务4：启动整条生产线。

任务5：产线的停止。

任务1　生产线上车床对刀工作

【项目目的】

通过对刀，确定程序原点在车床坐标系中的位置，并将这个位置坐标值预存到数控系统中，从而建立准确的加工坐标系。

【项目内容】

使用三轴机械手将所需材料自动从仓库取出并运至六轴机械手处，使用六轴机械手将材料送进车床并控制卡盘夹紧，安装车刀并对车刀进行对刀操作。

【项目设备】

1. 六轴机械手(一套)。
2. 六轴机械手示教器。
3. 柔性输送线。
4. 小型数控车床。

【项目步骤】

1. 开机让三轴机械手回零

机器开启之后，使用三轴机械手人机界面，手动控制三轴机械手往各轴的中间位置移动一下，然后再使用回零按键进行机械手回零操作（图6.1）。

2. 摆放仓库工件托盘

三轴机械手回零完成后，把材料托盘都摆放到仓库里边，摆放的时候尽量将材料托盘靠近仓库前销钉摆放。

图6.1　三轴机械手中间位置

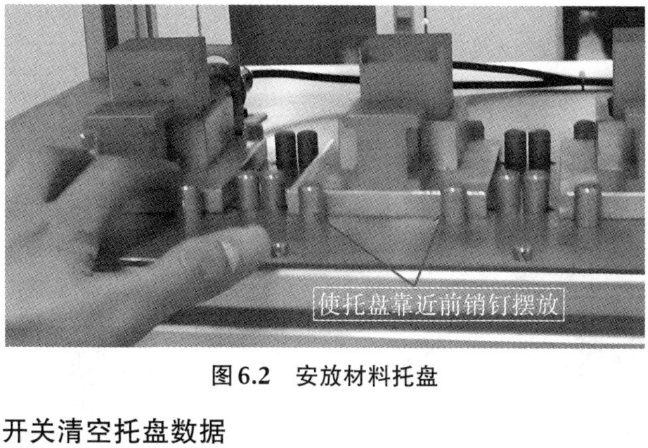

图6.2　安放材料托盘

3. 打开流水线开关清空托盘数据

回到主程序界面，进入手动模式界面（图6.3）。

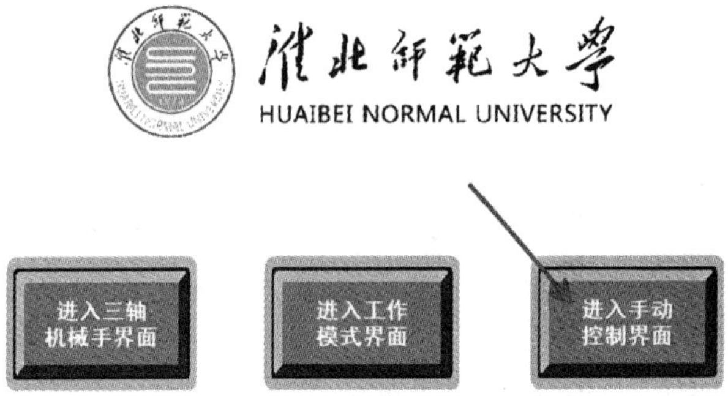

图6.3　进入手动界面

打开流水线开关，然后打开清除托盘数据开关（图6.4）。让流水线带动流转托盘经过三轴的机械手下方的RFID读写器上，RFID读写器会清除经过托盘的数据。必须让所有托盘都经过一次三轴的RFID读写器。

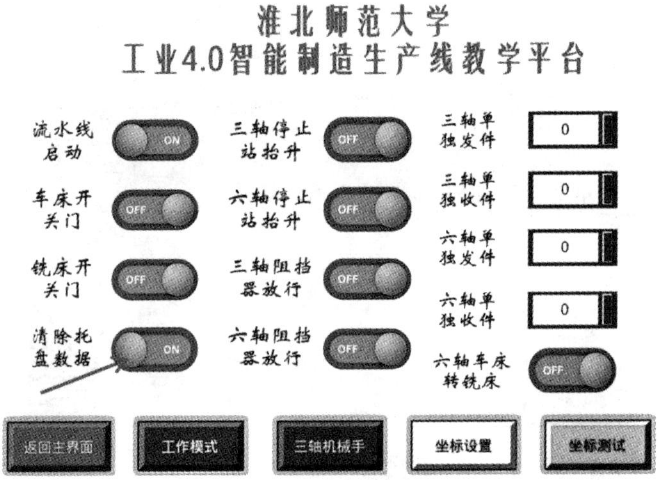

图6.4　打开流水线开关并清除托盘数据

当托盘正在清除数据的时候，可以优先打开车床电源，点击系统的开关门按键，测试机床开关门功能是否正常，然后点击系统的卡盘按键，测试卡盘的松紧是否正常。最后让前门处于打开状态，卡盘处于松开状态即可。

选择机械手运行程序，把示例程序调用出来并启动机械手程序（图6.5）。

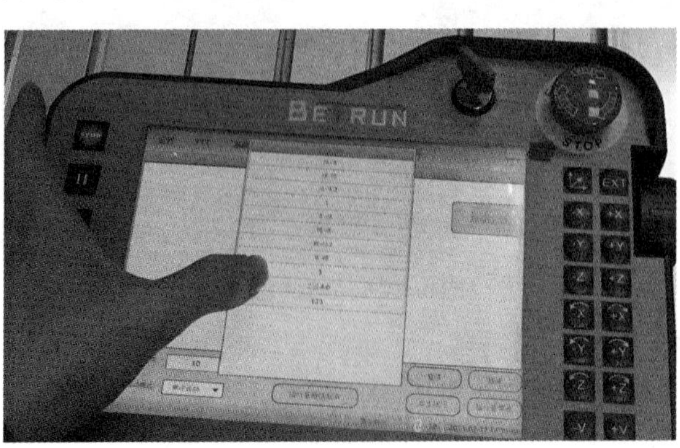

图6.5　启动机械手程序

4. 三轴机械手发送车床工件

确保车床前门处于打开状态，卡盘处于松开状态后，回到主控制界面，把清除托盘数据开关关闭，然后让三轴机械手自动发出一个车床材料，此时，在三轴单独发件输入框中填入数字1。随后三轴机械手就会从仓库中取出一个车床工件并放于输送链上（图6.6）。

图6.6　三轴发送车床工件

5. 让六轴机械手给车床上料

当车床发完工件之后，输送链带着托盘往6轴机械手方向前进时，在主控界面的单独六轴收件输入框中填入数字1，一定要在仓库发货完成后，输送线带走托盘后才能输入1。

当托盘运转至六轴机械手处时机械手会自动抓取托盘并将工件送入车床（图6.7）。

图6.7　六轴机械手取件送入车床

6. 对车床进行装刀对刀操作

等待六轴机械手退回等待位置后，按下机械手示教器上的停止键或者暂停键，把机械手停下来。按下数控车床系统的手动键，进入车床的手动模式，把车床Z轴往负方向移动至合适位置，就可以往车床上安装车刀，按下系统界面的刀库正转按钮，让车床刀架旋转至1号刀位置（图6.8）。

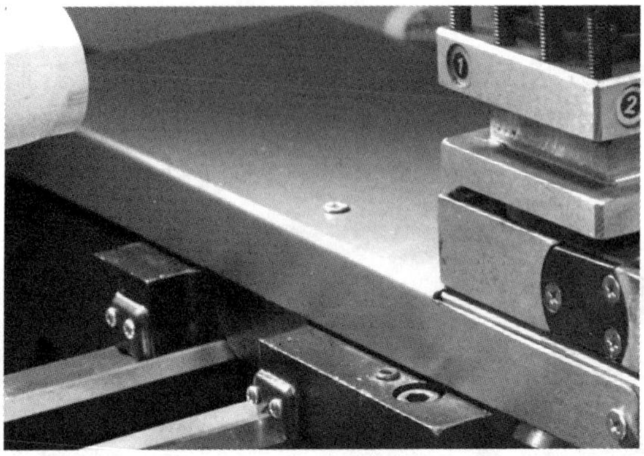

图6.8　倒库正转至1号刀位

然后往1号刀位上安装端面车刀，安装车刀时需要在车刀底下垫上铜片。端面车刀可以将刀头偏向于主轴侧安装，并上紧刀架螺丝(图6.9)。

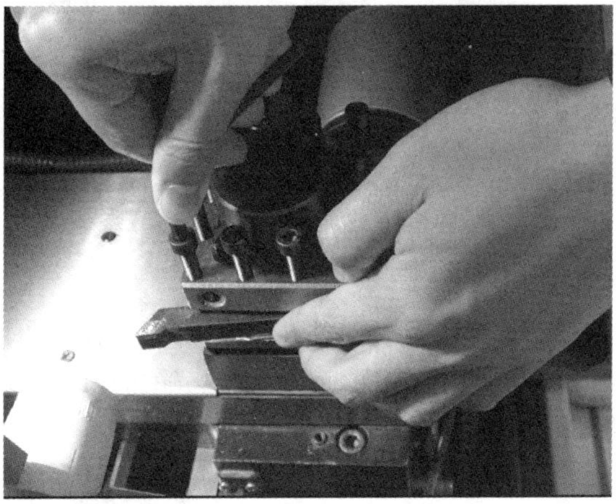

图6.9　安装端面车刀

安装完端面车刀后，按下系统刀库正转按键，把刀旋转至2号刀位，并往2号刀位上安装槽刀，安装槽刀时也需要在刀具下面垫上金属片。槽刀只需要垂直安装即可(图6.10)。

图6.10　安装槽刀

刀具安装完成后，回到系统界面，点击刀库正转，把刀架旋转回1号刀位，然后按下“MDI”键，进入录入模式，在位置界面处输入M3 S500让主轴正转起来（图6.11）。

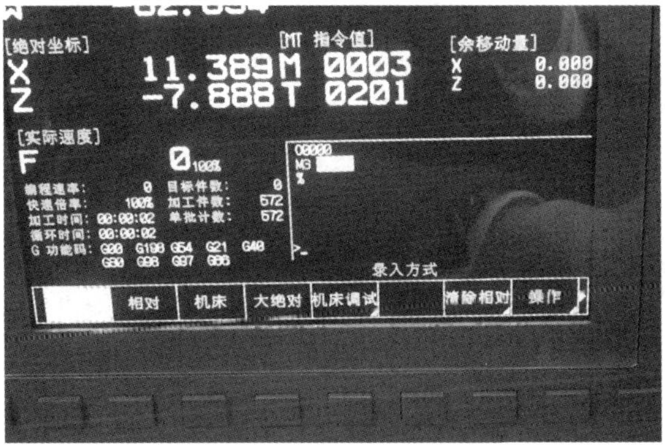

图6.11　进入系统录入模式输入M3 S500并启动

主轴转起来后，使用手轮模式，将Z轴慢慢移动至工件的右端面，然后把工件的右端面车削一刀，切削工件右端面时，进刀量尽量地少，刚好能切削一点即可，切削右端面时，需要把手轮轴选切换至X轴（图6.12）。

图6.12　把工件右端面切削一刀

右端面切削完成之后就把1号刀原路返回至工件外侧，然后按下系统界面上的刀补按键，进入系统刀补界面（图6.13）。

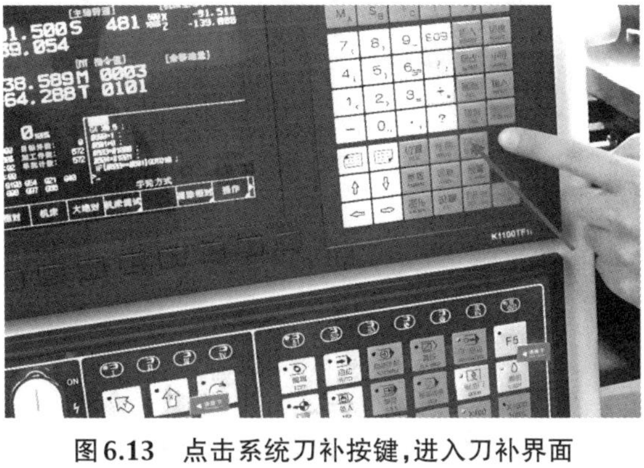

图6.13　点击系统刀补按键，进入刀补界面

进入刀补界面后，找到形状界面，可以看到光标自动落在了001输入框内(图6.14)。

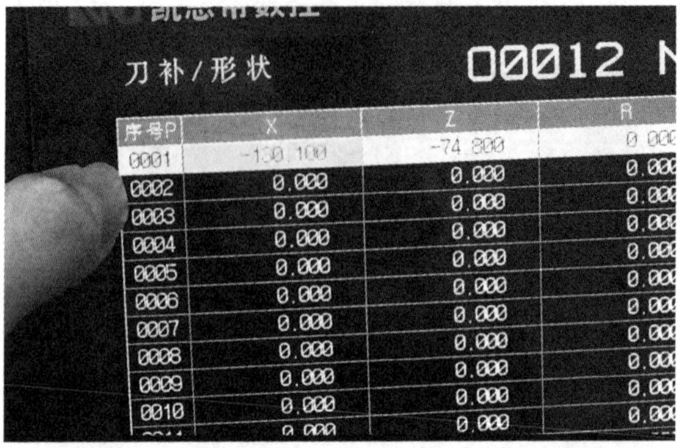

图6.14　1号刀补位

此时输入Z0，并按下测量键，然后确认即可把Z轴对刀数据填入系统内(图6.15)。

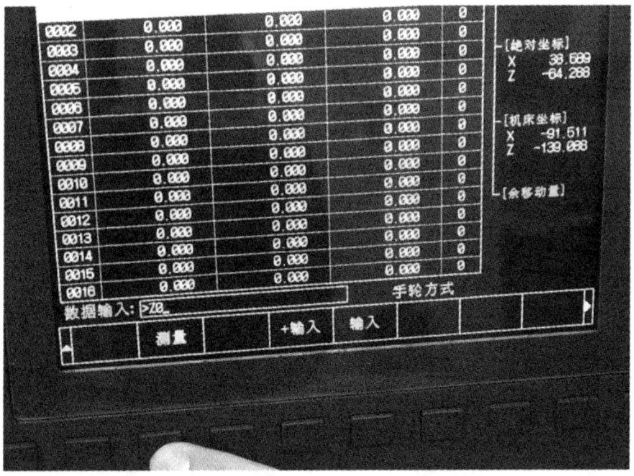

图6.15　输入Z0并按下测量键

*Z*轴测量完成后，再对*X*轴进行对刀操作，使用手轮方式将车刀移动至工件外表面，轻微地触碰一下工件外表面(图6.16)。

然后回到系统界面按下相对坐标按键，然后按下清除相对按键，点击“清*X*轴”，把*X*轴相对坐标清零(图6.17)。

图6.16　车刀轻微碰到工件外表面

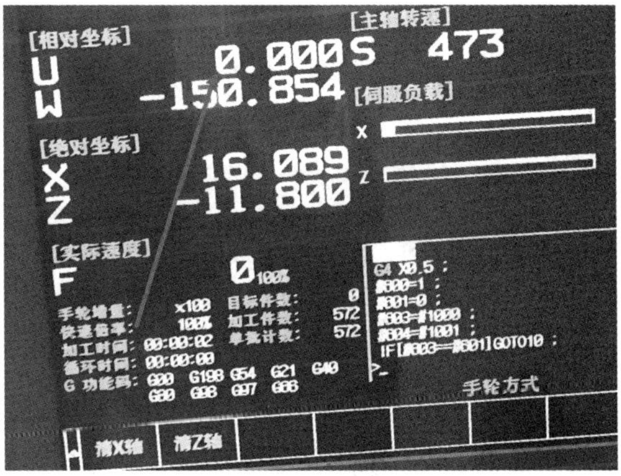

图6.17　清除X轴相对坐标

清零后把刀具移动至工件外侧,然后用手轮把X轴移动至相对坐标-0.1的位置上(图6.18)。

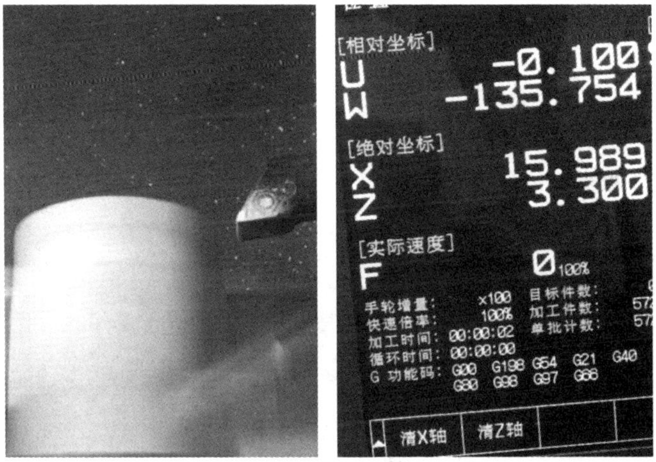

图6.18　让X轴进刀0.1 mm

再往Z轴进刀,切削一段距离(图6.19)。

图6.19　把工件外表面切削一刀

切削完成后，把Z轴原路返回到工件外，再次按下系统刀补按键，进入形状界面，然后按下系统复位键让主轴停止转动，此时使用游标卡尺测量刚才车削完成后工件的直径(图6.20)。

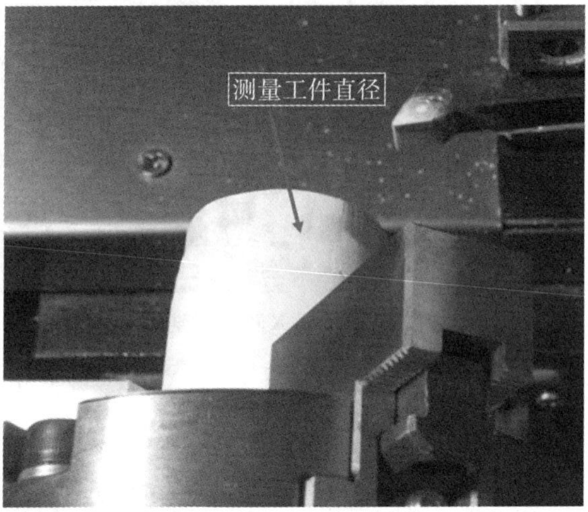

图6.20　测量工件直径

例如测出工件直径为37.8 mm。在刀补界面按下X37.8，按下测量键，然后按确认即可将1号刀的X轴刀补数据输入系统(图6.21)。

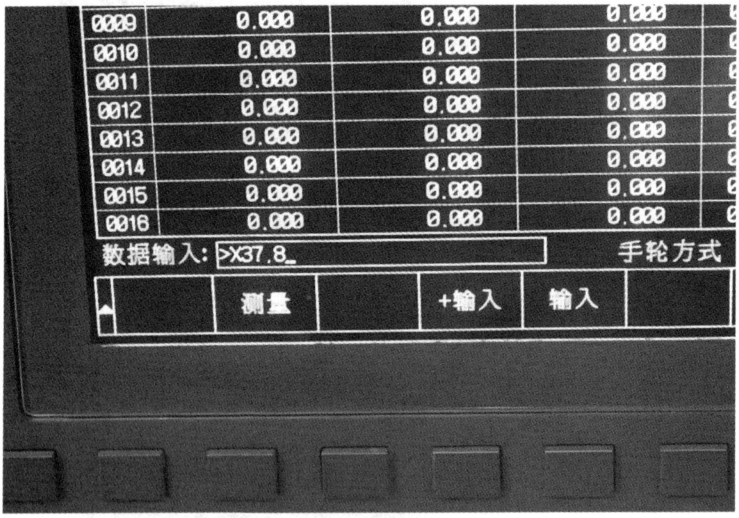

图6.21　输入工件直径值

继续对2号刀进行刀补操作，使用系统按键，刀库正转键把刀具换成2号刀。然后像1号刀的操作一样，使用录入方式把主轴旋转起来。然后将刀具移动至工件右端面，轻微碰触即可(图6.22)。

然后按下刀补按键，进入形状界面，把光标移动至002号刀处。然后输入Z0点击测量并确认，即可完成对2号刀的Z轴刀补的数据录入(图6.23)。

使用手轮模式将刀具移出工件，然后将刀具移动至工件外表侧，让刀尖刚好触碰到刚才1号刀切削出来的工件表面后停下(图6.24)。

图6.22　让2号刀刚好碰到工件右表面

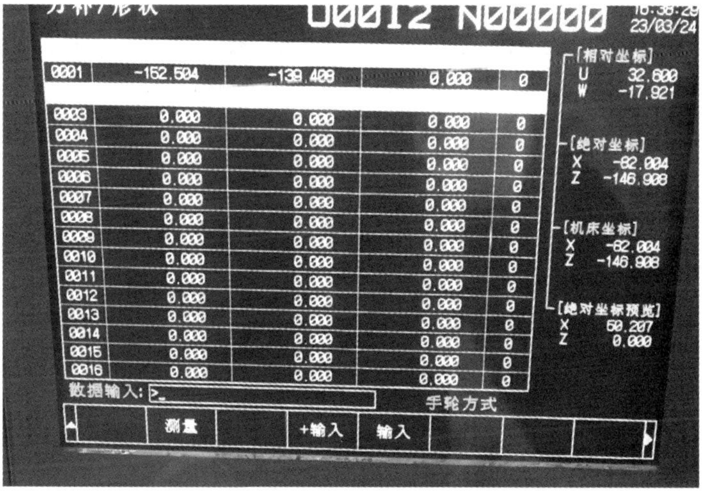

图6.23　光标移动至002处输入Z0测量确认

图6.24　刀尖碰到工件表面

然后回到刀补界面，还是002刀补输入栏里，填入刚才1号刀测量出来的直径值X37.8，点击测量，确认即可完成对2号刀的X轴刀补数据录入（图6.25）。

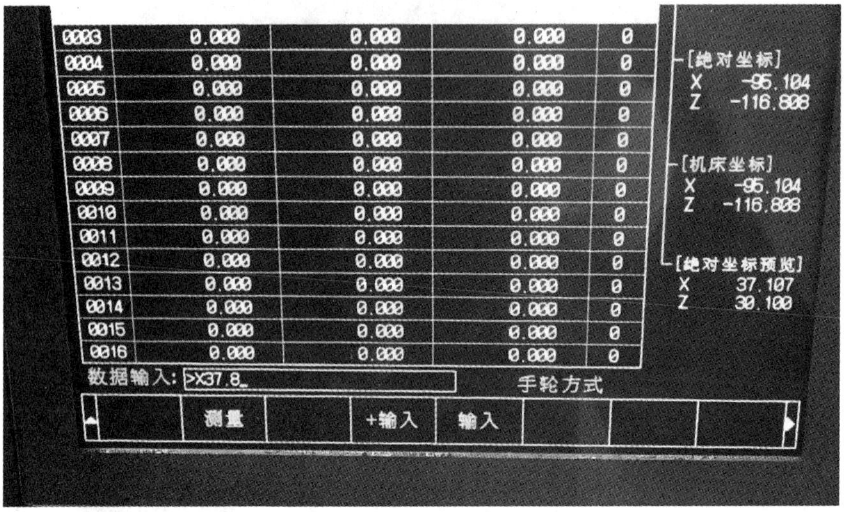

图6.25 在002刀补栏内填入直径值

对刀完成后，我们按下系统复位键，让主轴停下来，再按下系统卡盘按键，把工件松开，手动把工件拿出来，并把线下放置平台的材料托盘放回仓库即可。

任务2 生产线上铣床对刀工作

【项目目的】

将刀具的几何信息与工件空间位置绑定到数控系统，通过建立“刀具-工件-铣床”三位一体的精确数学模型，将设计图纸的理论值转化为物理加工的实际值。

【项目内容】

使用三轴机械手将所需材料自动从仓库取出并运至六轴机械手处，使用六轴机械手将材料送进铣床并控制卡盘夹紧，安装铣刀并对铣刀进行对刀操作。

【项目设备】

1. 六轴机械手（一套）。
2. 六轴机械手示教器。
3. 柔性输送线。
4. 小型数控铣床。

【项目步骤】

1. 准备工作

(1) 采用与任务1同样的方法使三轴机械手归零，使用三轴机械手人机界面，手动控制三轴机械手往各轴的中间位置移动一下，然后再使用回零按键进行机械手回零操作。

(2) 采用与任务1同样的方式把材料托盘放好，注意把托盘靠近前销钉摆放。

(3) 采用与任务1同样的方式打开流水线并清除托盘数据。

(4) 确保铣床和车床都开机完成并完成了机床回零操作，门处于打开状态，卡盘都处于张开状态。

(5) 选择机械手示例程序，并使其运行(图6.26)。

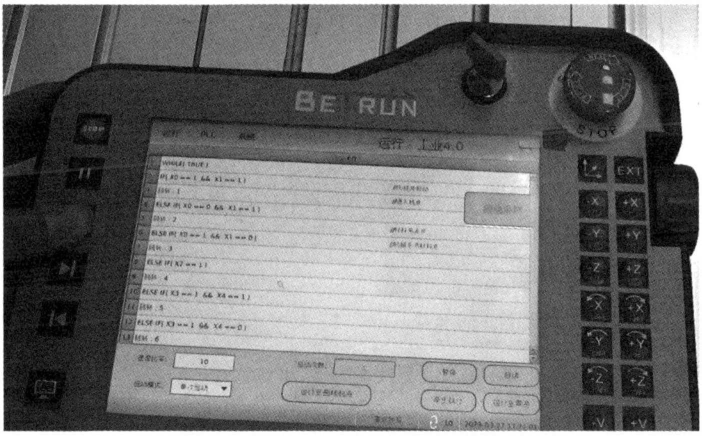

图6.26　打开机械手程序并运行

(6) 回到主控制界面，关闭清除托盘数据按钮，并在三轴单独发件控制栏内填入2，让机械手从仓库中发出一个铣床工件(图6.27)。

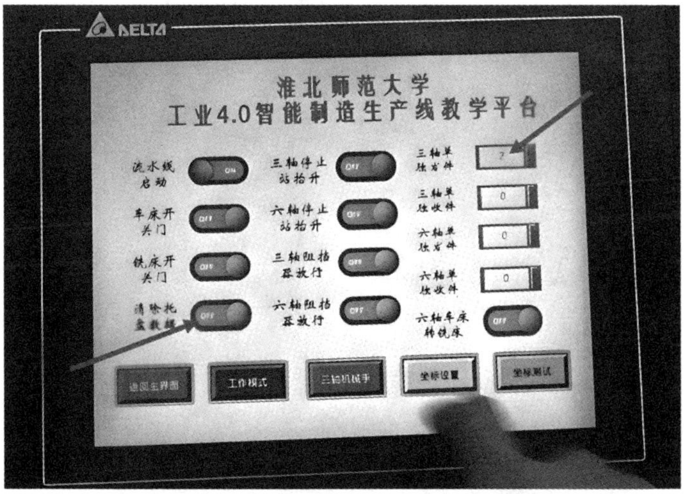

图6.27　三轴单独发送铣床工件

(7) 等待三轴机械手把铣床工件拿出仓库，放于输送线上，输送线将托盘运走(图6.28)。

图6.28　输送线将托盘运走

在主控界面的六轴单独收件栏内填入2(图6.29)。

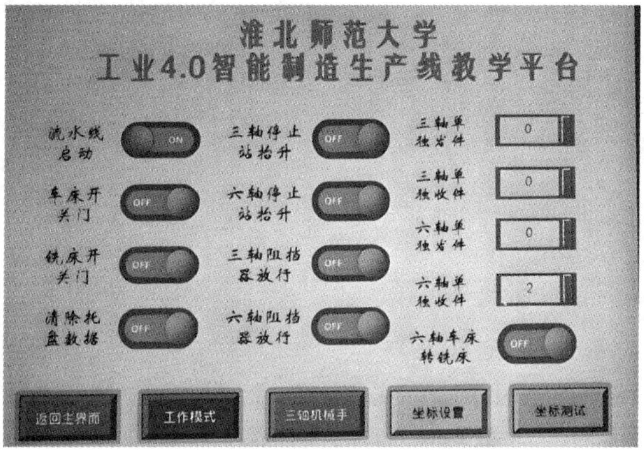

图6.29　六轴单独收件填入2

(8) 等待六轴机械手将材料送入铣床(图6.30)。

图6.30　机械手将工件送入铣床

2. 安装刀具

（1）安装刀具，铣床的刀具由刀柄、刀具、弹性夹头和两把锁紧扳手组成（图6.31）。

图6.31　刀具的组成

我们把刀具插入弹性夹头内，然后把夹头放入刀柄中，使用刀柄螺母把夹具固定住，然后使用扳手将其拧紧即可。铣床我们使用2把刀具，1号刀为4 mm平面铣刀，2号刀为3 mm钻头。把刀具安装好（图6.32）。

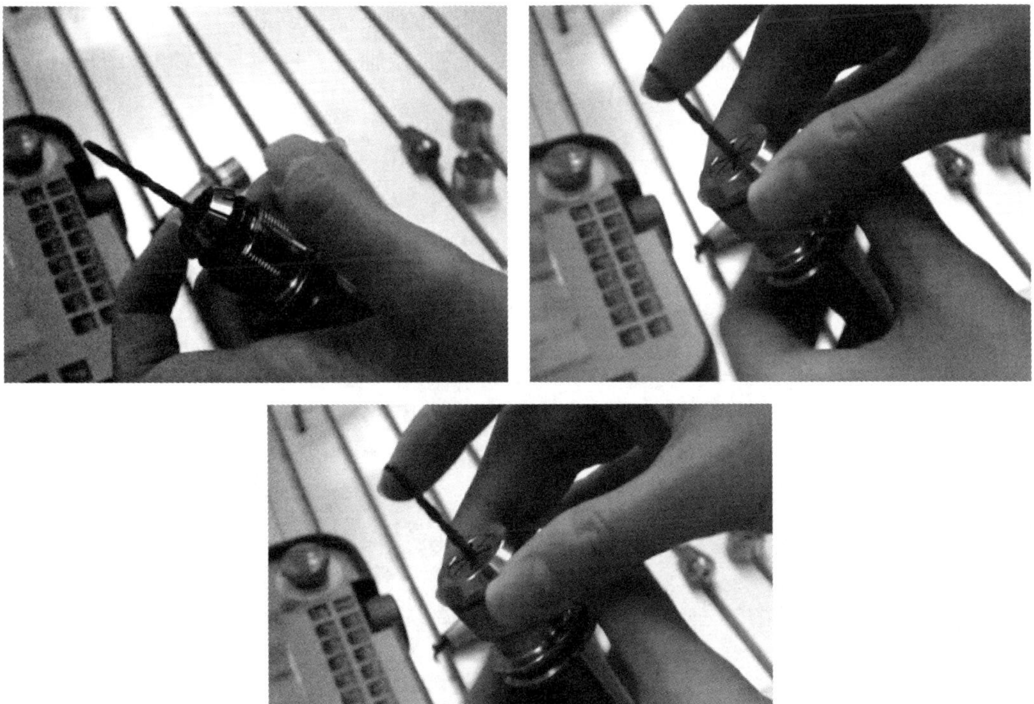

图6.32　锁紧刀具

（2）把刀具放入装入铣床内部，进入铣床录入模式，在界面上键入M6T1，然后按下循环启动键，让机床换到1号刀位上（图6.33）。

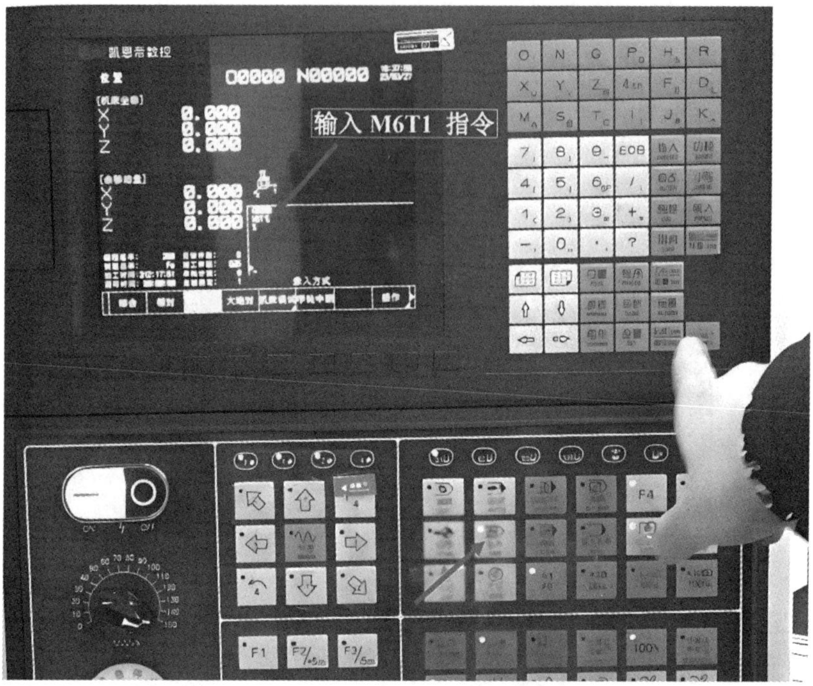

图6.33　进入录入模式并启动机床换刀指令

(3)等待换刀动作完成后,按下系统手动模式按键,把平底刀安装于主轴上,按下主轴箱上绿色按钮,把刀柄放入主轴,然后再次按下绿色按钮,主轴将刀柄锁于主轴上(图6.34)。

图6.34　将刀柄安装于主轴之上

(4) 回到主轴界面,进入录入模式,写入M3 S5000,然后启动主轴转动,查看刀具是否晃动,如果晃动厉害,则需要拿下刀柄重新装夹刀具(图6.35和图6.36)。

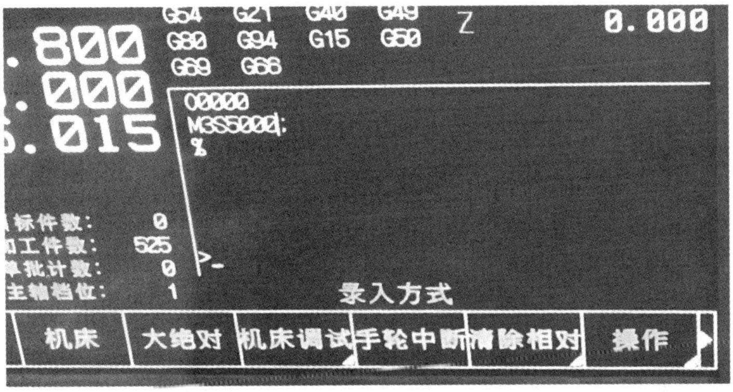

图6.35　在录入模式中输入M3 S5000

图6.36　主轴旋转查看刀具晃动是否厉害

(5) 如果1号刀晃动不厉害,则需要继续安装2号刀,在系统录入模式下,写入M6T2,并按下循环启动按键,启动机床自动换刀(图6.37)。

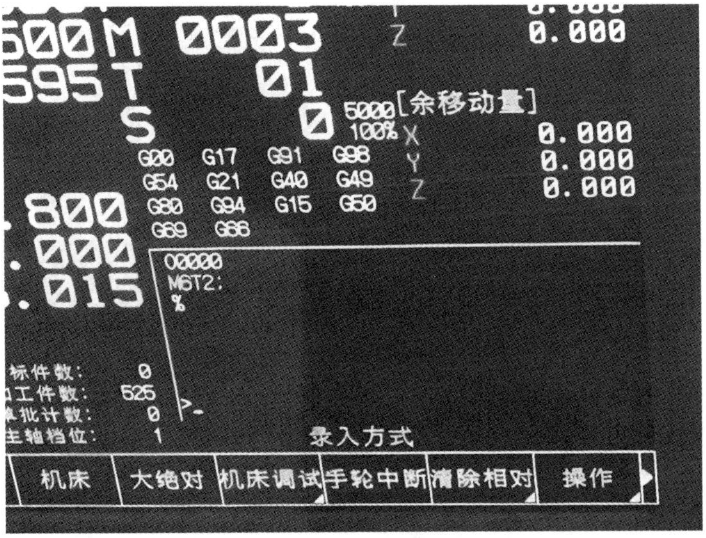

图6.37　启动机床自动换取2号刀

自动换刀动作完成后，采用与1号刀同样的方法把2号刀也安装进主轴里，在系统的手动模式下，按下主轴箱上的绿色装刀按钮进行装刀操作(图6.38)。

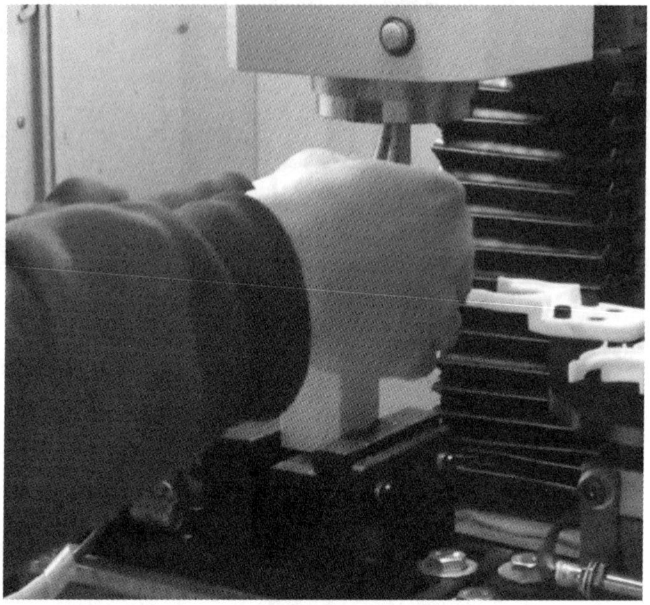

图6.38　将2号刀也安装进主轴

刀具安装完成后也同样要像1号刀那样，回到系统界面按下主轴正转按键，让主轴旋转起来，查看刀具是否晃动。

3. 对铣床进行对刀操作

(1) 使用录入模式，写入M6T1指令让其换回1号刀具，然后按下主轴正转键把主轴旋转起来，进入手轮模式，将刀具移动至工件的左侧面，当刀具刚好碰到工件的左侧面就停下来(图6.39)。

图6.39　刀具刚好碰到工件的左侧面

(2) 按下系统的设置键，进入工件坐标系设置界面，将光标移动至G54坐标中(图6.40)。

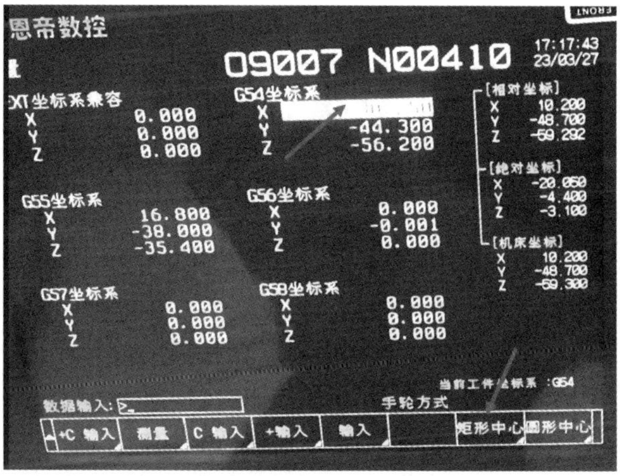

图6.40 把光标移动至G54坐标系

然后点击矩形中心,点击“X1”设入键(图6.41)。

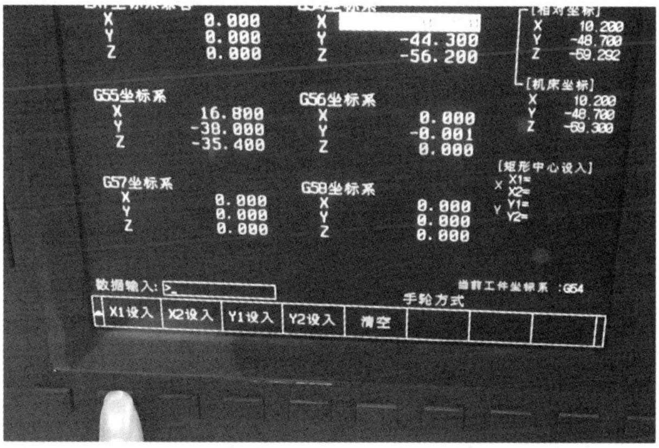

图6.41 点击“X1”设入键

(3) 手轮方式把刀具提升至安全位置,然后再对工件的右端面进行接触。刚好碰到右端面时停下(图6.42)。

图6.42 接触工件右端面

(4) 随后点击“X2”设入键(图6.43)。

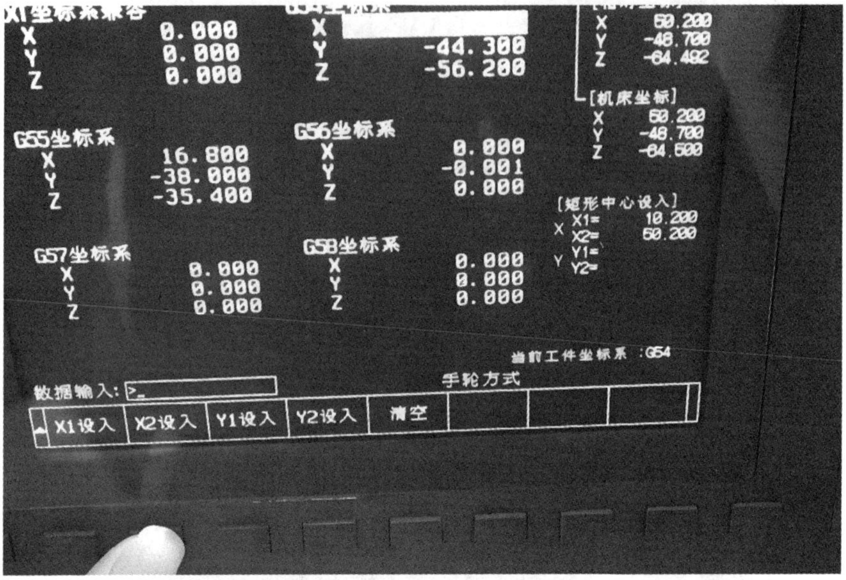

图6.43 点击“X2”设入键

(5) 使用同样的方法把碰触工件的后端面,然后点击“Y1”设入键。

(6) 碰触工件的前端面,然后点击“Y2”设入键。

(7) 把X1、X2、Y1、Y2都设入进系统后,系统会自动计算工件的中心点并写入G54坐标的*X*和*Y*坐标中(图6.44)。

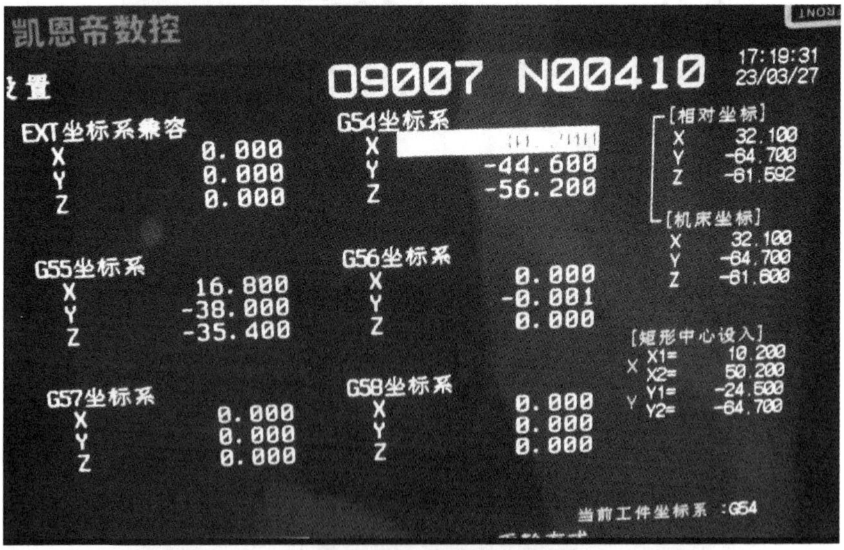

图6.44 坐标都设入完成后,系统自动算出工件的中心坐标并填入G54中

(8) 最后让刀具升起来,让刀具接触工件的上表面(图6.45)。

(9) 接触到工件上表面后,回到系统界面,把光标移动至G54坐标的*Z*轴上,然后把当前的*Z*轴机床坐标输入进去,注意正负号,随后点击输入,并按下执行(图6.46)。

图6.45 刀具接触工件上表面

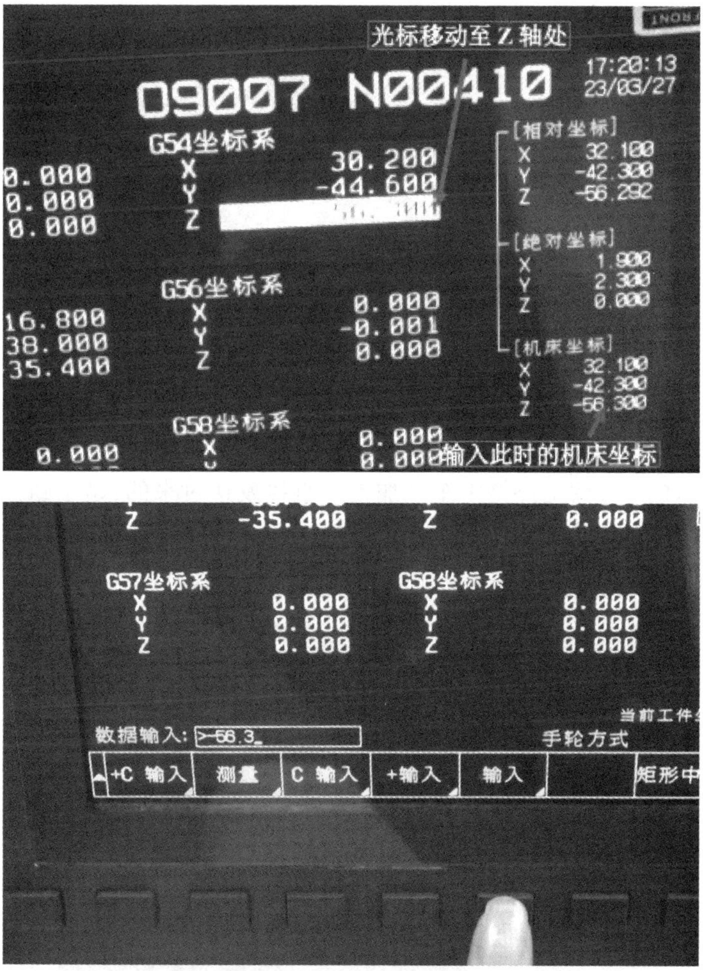

图6.46 **G54的*Z*轴坐标输入**

(10) 对刀完成后,点击系统的回零按键。让铣床3轴回零,一定记得对完刀后要把三轴回零(图6.47)。

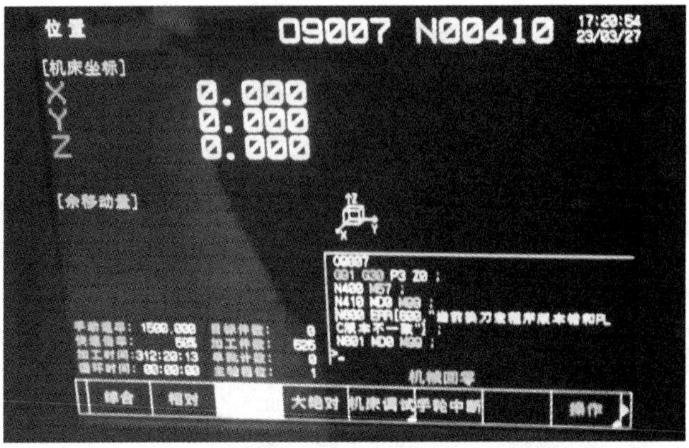

图6.47　三轴机床回零

(11) 回到主控制界面，在六轴单独发件栏里填入2，让机械手将材料从机床中拿出来，并放回输送线，当机械手把工件放回输送线后，手动将托盘放回仓库即可(图6.48)。

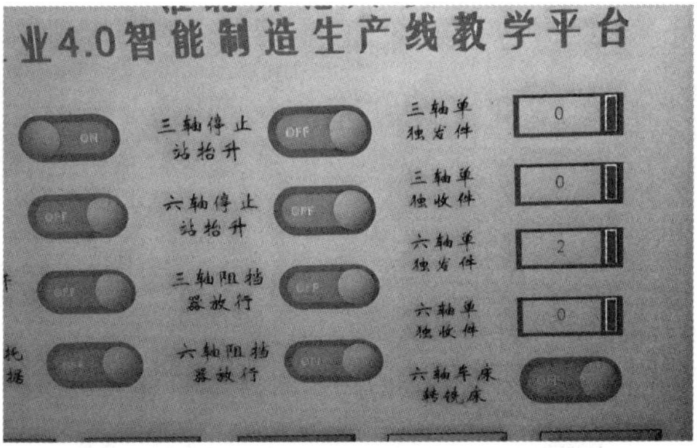

图6.48　六轴单独发件栏里填入2

4. 对铣床车铣件进行对刀操作

(1) 由于铣床的第2种工件是由车床加工完直接发送过来的，是个圆柱件，所以我们要求三轴给我们发送第3种车铣件。准备工作与上个步骤一样，三轴回零然后，安放好托盘，输送线运转起来，然后在系统主界面三轴单独发件栏里填入3(图6.49)。

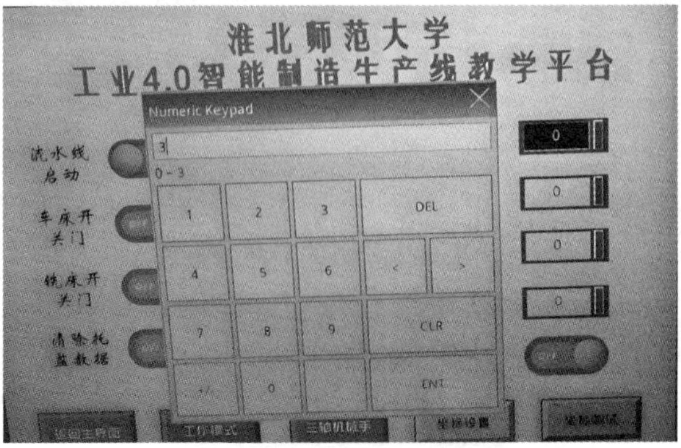

图6.49　在三轴单独发件栏中输入3

(2) 当机械手拿出托盘并运送至输送线，待输送线将工件运送走后，在主界面六轴单独收件栏里填入3(图6.50)。

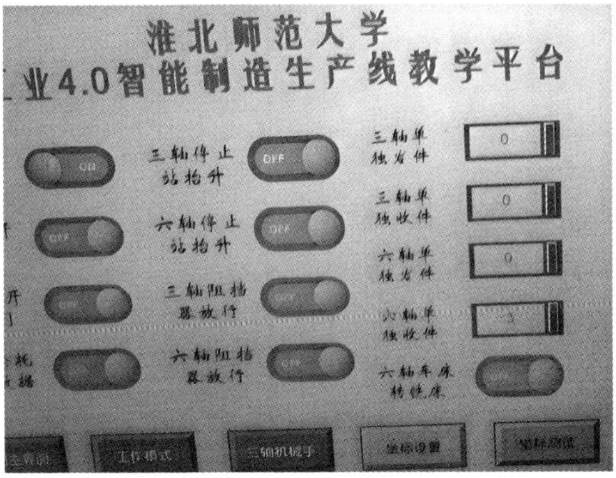

图6.50　六轴单独收件栏里填入3

(3) 机械手自动将材料送入车床内,后回到等待位置时(图6.51)。

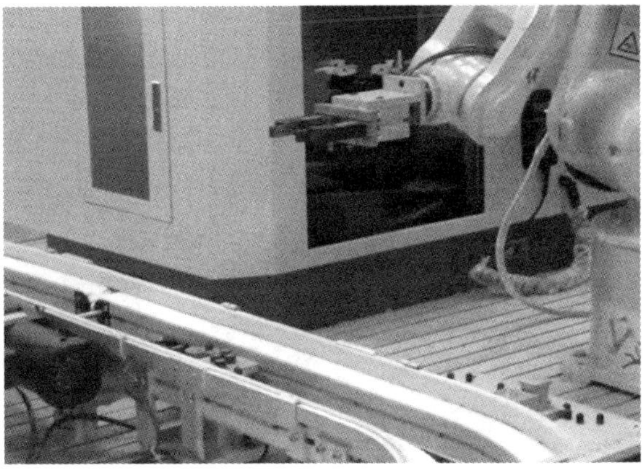

图6.51　机械手等待位置

此时点击六轴车床转铣床按键(图6.52)。

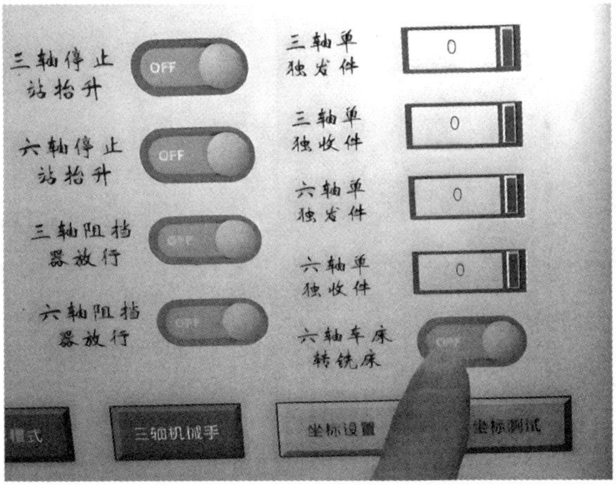

图6.52　六轴车床转铣床按键

机械手将车床工件转入铣床中(图6.53)。

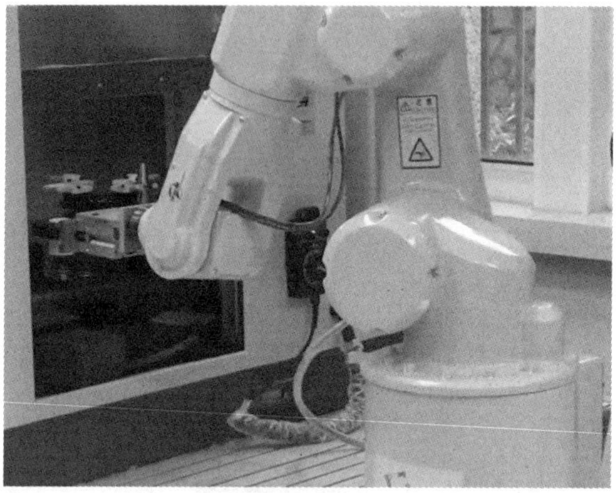

图6.53　机械手将工件放进铣床中

(4) 机械手送料完成后，在系统界面按下录入键，进入录入模式，然后输入“M6T2”指令，按下循环启动按钮，让铣床自动换成2号刀(图6.54)。

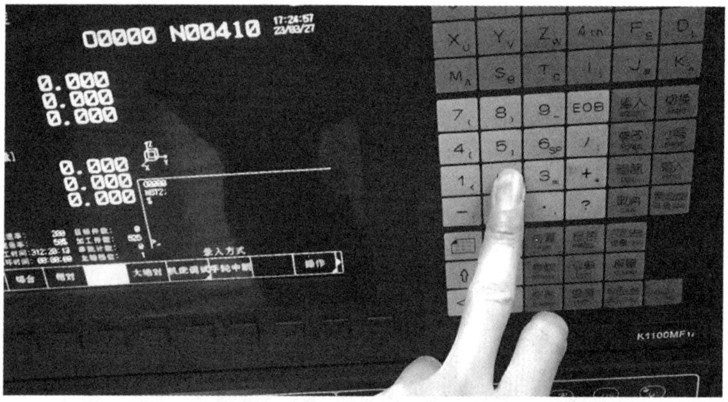

图6.54　在录入模式下写入“M6T2”换刀指令

(5) 然后进入手轮模式，再点击主轴正转按键，让主轴转起来(图6.55)。

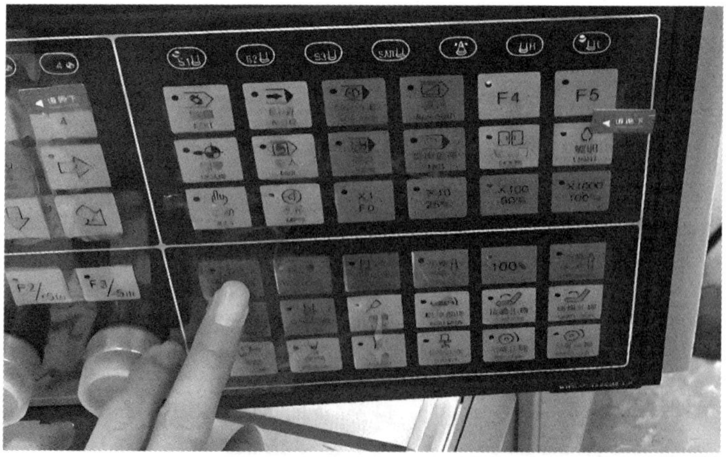

图6.55　主轴正转按键

(6) 然后用手轮靠近工件左侧的任何一个点位，刀具刚好碰到工件时停下来(图6.56)。

图6.56　将刀具靠近工件的左侧面

然后回到系统界面按下设置键，进入工件坐标系设置界面，然后把光标移动到“G55”坐标系上（图6.57）。

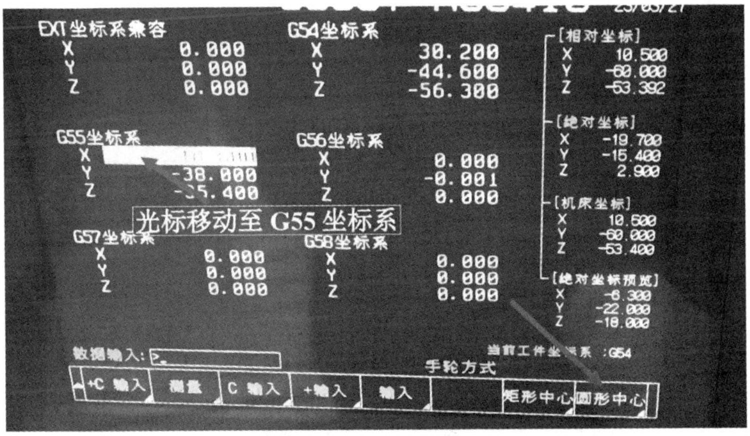

图6.57　把光标移动至“G55”坐标系上，随后点击圆形中心

随后点击右下方的圆形中心键，然后点击“P1”设入键（图6.58）。

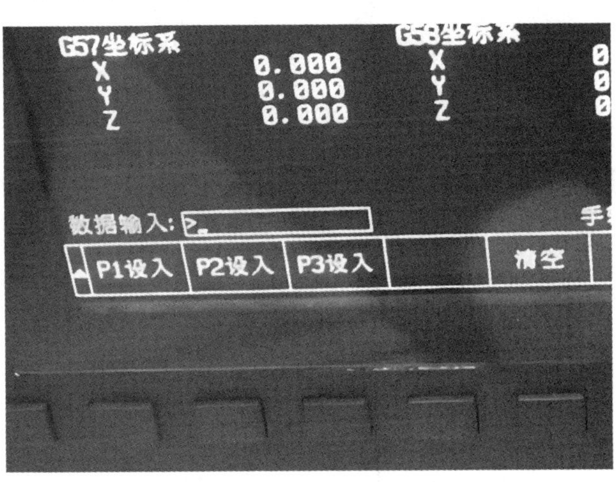

图6.58　点击“P1”投入键

(7) 把刀具提升至安全位置,然后移动至工件的右侧,慢慢地靠近工件右侧直至刚好碰到工件,然后回到系统界面,按下"P2"设入。

(8) 把刀具提升至安全位置,然后移动至工件的后侧,慢慢地靠近工件后侧直至刚好碰到工件,然后回到系统界面,按下"P3"设入。

(9) 当把"P1/P2/P3"都全部设入之后系统便会计算出工件的中心点,并将其写入"G55"工件坐标系的X/Y坐标中(图6.59)。

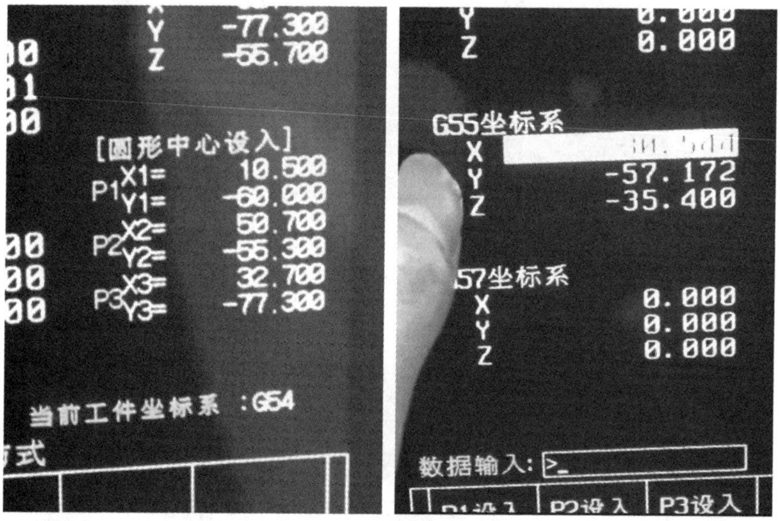

图6.59 "G55"坐标自动录入到系统中

(10) 把刀具抬升至安全位置,让刀具接触工件的上表面(图6.60)。

图6.60 刀具接触工件的上表面

(11) 当刀具刚好接触到工件上表面时,停下来,回到系统界面,再把光标移动至"G55"坐标系的Z轴处(图6.61)。

然后查看当前的Z轴的机床坐标系,把数值输入到系统里边,然后点击输入然后执行(图6.62)。

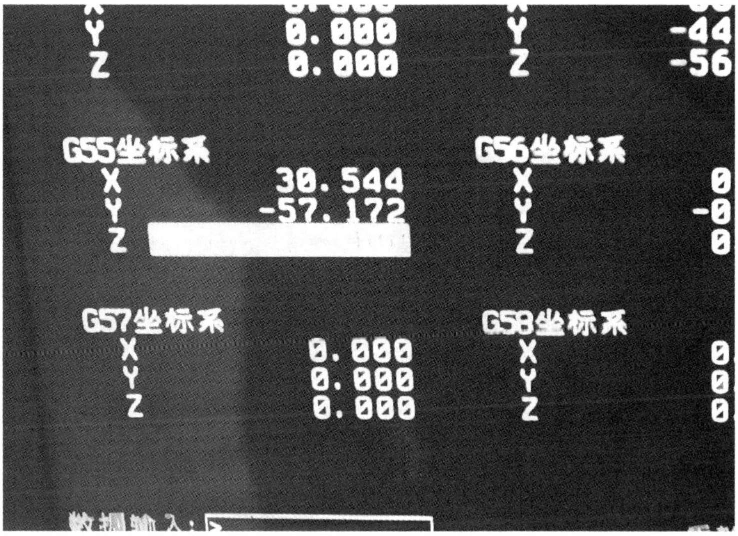

图6.61　把光标移动至“G55”坐标系的Z轴处

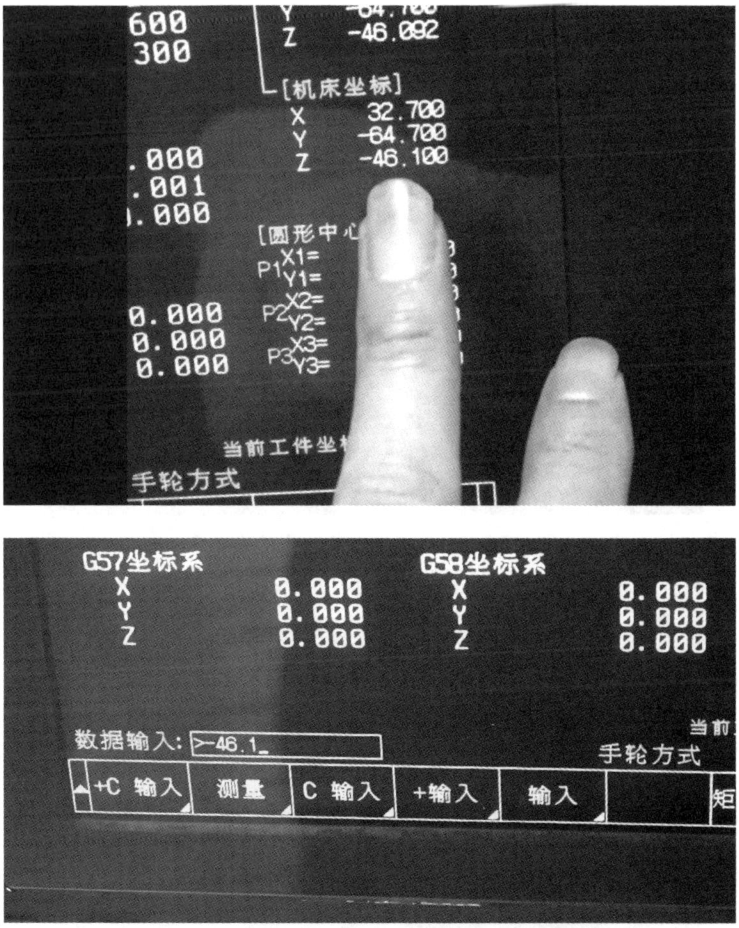

图6.62　把当前Z轴机床坐标输入到坐标系中

(12) 输入完成后即可完成对2号工件的对刀操作,让刀具上升至安全位置,此时按下回零按键,让机床3轴回零(图6.63)。

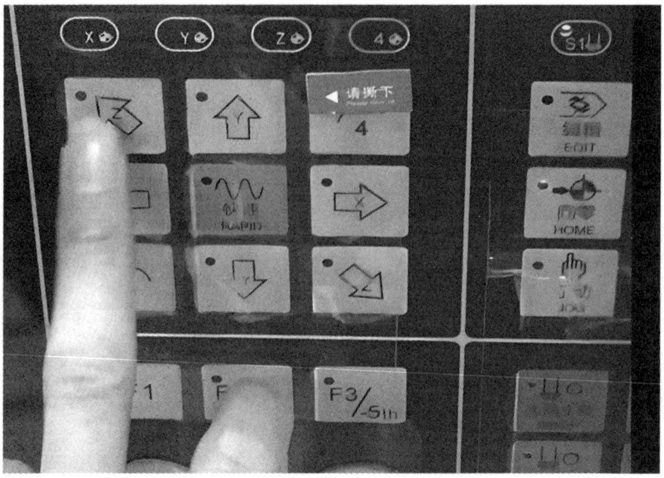

图6.63　机床三轴回零

(13) 回到主控界面,在六轴单独发件输入栏内填入3,让机械手把工件从铣床中放回输送线上。当机械手将材料放回输送线上后,手动将托盘放回仓库即可完成(图6.64和图6.65)。

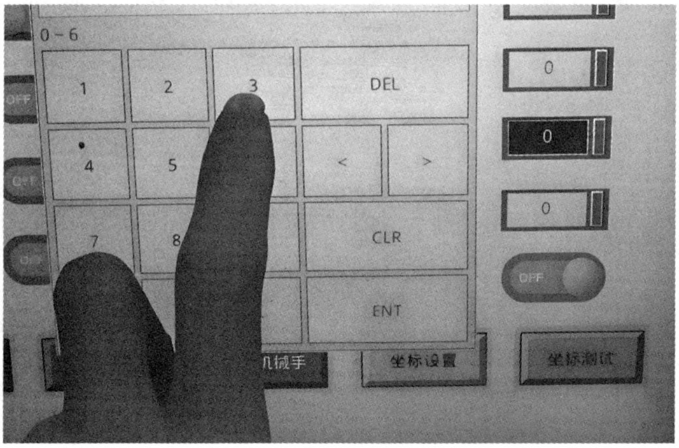

图6.64　六轴单独发件栏里边填入3

图6.65　机械手将托盘放回输送线

任务3　整条生产线启动准备

【项目目的】

确保生产线安全、高效、稳定地运行。

【项目内容】

将各个部件都调试完成后，进入整条生产线启动工作，整线启动前需要对各个部件进行启动前的准备工作。

【项目设备】

1. 三轴机械手（一套）。
2. 六轴机械手（一套）。
3. 六轴机械手示教器。
4. 柔性输送线。
5. 小型数控铣床小型数控车床。

【项目步骤】

1. 打开产线电源

把教室墙体上的空气开关打开（图6.66）。

图6.66　教室空气开关

然后回到主控界面中，把两个旋钮开关分别打开，注意不要一起打开，一起打开瞬时启动电流可能导致墙体空气开关跳闸（图6.67）。

图6.67　主控界面旋钮开关

2. 仓库工件摆放

(1) 把仓库上的托盘都安放好,把材料托盘靠近销钉前端摆放,不要过度用力,以免使仓库位置出现变动,仓库位置一旦出现变动就要重新对仓库坐标进行测定。轻拿轻放即可(图6.68)。

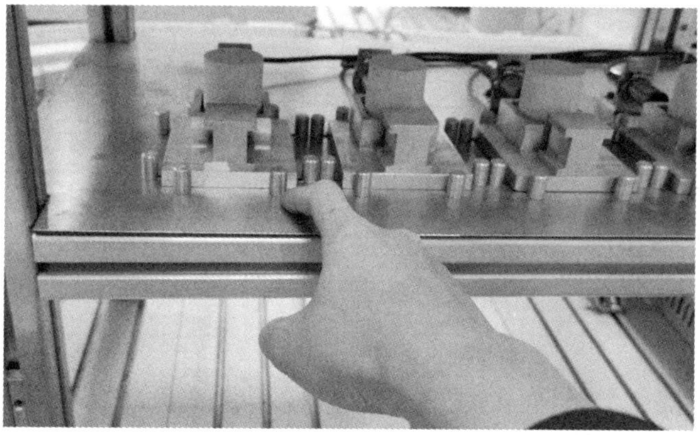

图6.68　托盘要靠近销钉前端摆放

(2) 第1层仓库放的是圆柱形材料,第2层仓库放的是矩形材料,第3层仓库放的是圆柱形材料。

3. 三轴机械手回零

(1) 在主控界面处,按下"进入三轴机械手界面"按钮(图6.69)。

图6.69　进入三轴机械手界面

再点击“三轴控制界面”，手动将机械手的三个轴都回到中间位置(图6.70和图6.71)。

图6.70　三轴手动控制界面

图6.71　三轴中间位置

(2) 点击回零按键把三轴都回到零点位置(图6.72)。

图6.72　三轴回零按键

4. 输送线启动

(1) 在主控界面点击“进入手动控制界面”按钮，进入手动控制界面后打开流水线启动开关，并点击托盘数据清空按钮(图6.73)。

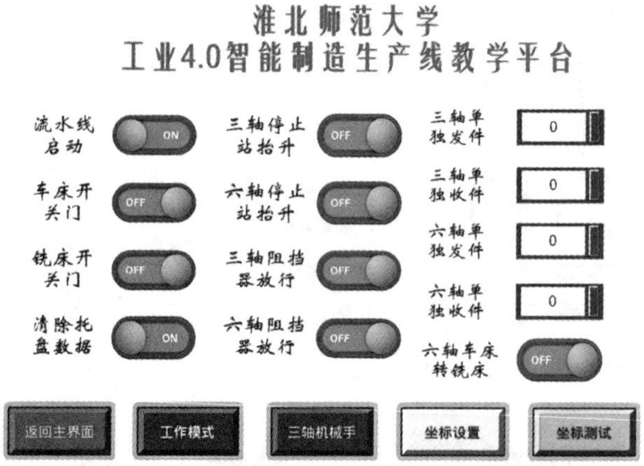

图6.73　打开流水线开关并清除托盘数据

(2) 当托盘全部流经三轴机械手下方的读写器后,把清除托盘数据开关关闭,记得要关闭清除托盘数据按钮,再做后续动作(图6.74)。

图6.74　全部托盘流经此处后,关闭清除托盘数据按钮

5. 机床开机准备工作

(1) 按下车床和铣床的电源按钮,待机床系统开机完成(图6.75)。

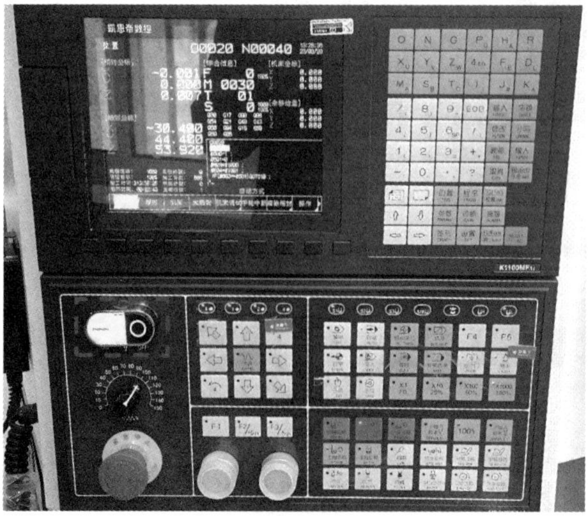

图6.75　车床与铣床系统开机按钮

(2) 开机完成后首先点击系统“回零”模式，让机械轴都回到机械零点(图6.76和图6.77)。

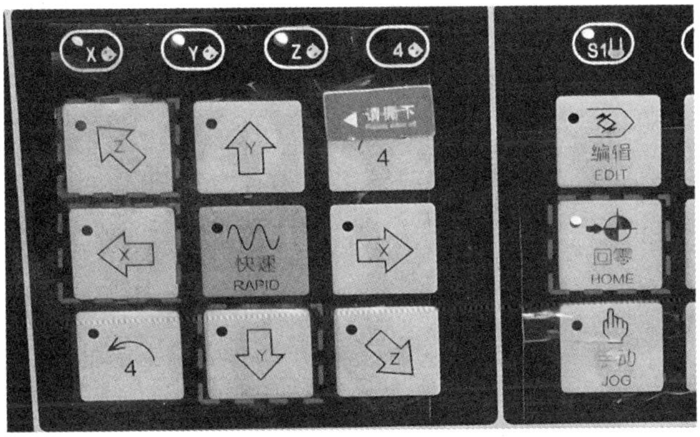

图6.76　铣床回零按键及触发按钮

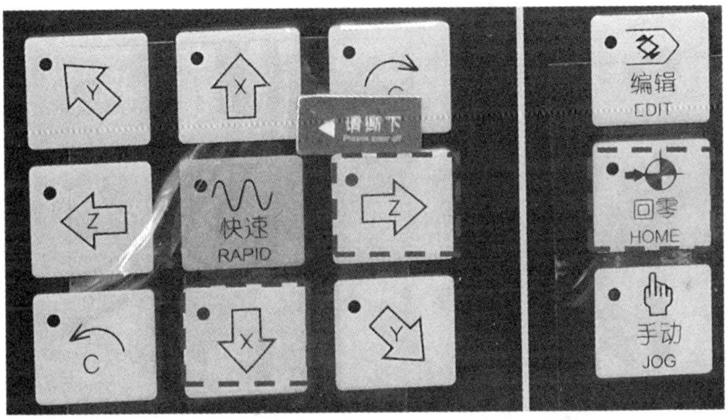

图6.77　车床回零按键及触发按钮

(3) 按下机床“手动”模式，再按下系统“安全门”按钮，查看安全门是否开关顺畅，最后让安全门处于打开状态即可。

(4) 按下机床“手动”模式，按下车床“卡盘”键，查看车床卡盘是否张合，最后让卡盘处于张开状态即可(图6.78)。

图6.78　车床卡盘张开

(5) 进入机床手动模式后，按下铣床“F4”键，查看铣床工装是否张合，最后让工装处于张开状态即可(图6.79)。

图6.79 工装处于张开状态

(6) 进入车床“自动”模式，点击“程序(PROG)”键，进入程序界面，点击文件管理键(图6.80)。

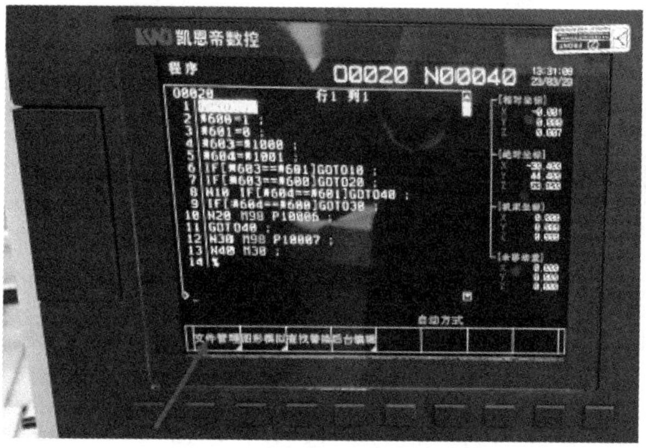

图6.80 点击文件管理键

(7) 进入文件管理界面，选择加载需要的子程序，这里提供了两个主程序，第1种是直接加工的主程序，程序名为O0020，第2种为演示不加工的主程序，程序名为O0030，例如我们选择加工的主程序，则把光标移动到O0020程序上(图6.81)。

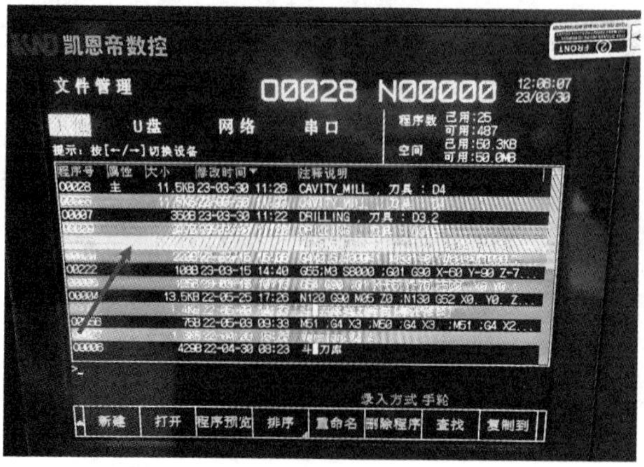

图6.81 把光标移动至O0020程序上

(8) 点击“输入”键，进入程序内部(图6.82)。

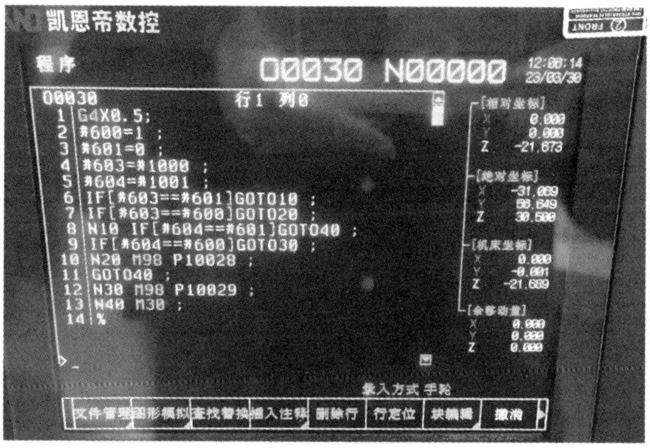

图6.82　程序O0020内部

(9) 铣床也需要进行同样操作即可完成对机床的准备工作。

6. 六轴机械手的准备工作

(1) 查看机械手是否回到等待位置，如果机械手在上一次工作中没有停止在等待位置，则需要手动让机械手回到初始位置(如果机械手停止在机床内部，则需要手动控制把机械手移动到机床外部来)。点击机械手示教上的管理按键，然后选择点(图6.83)。

图6.83　点击管理键选择点

选择第一个点，点的名称叫等待状态的点(图6.84)。

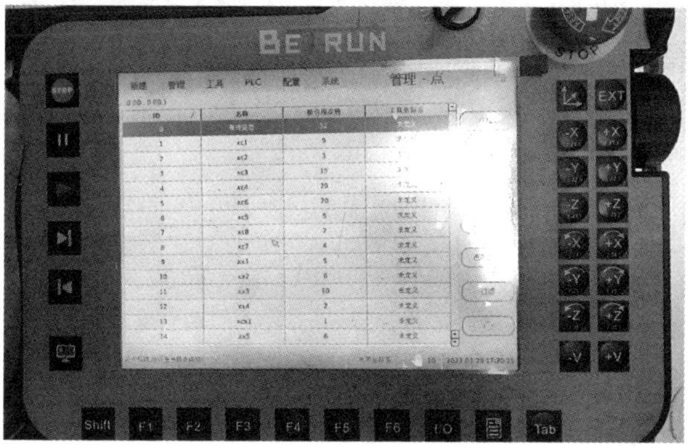

图6.84　选择等待状态点

选中等待状态的点后按下示教器后方的“使能”按键，然后点击运行至该点，随后点击确认，机械手将自动回到等待位置（图6.85和图6.86）。

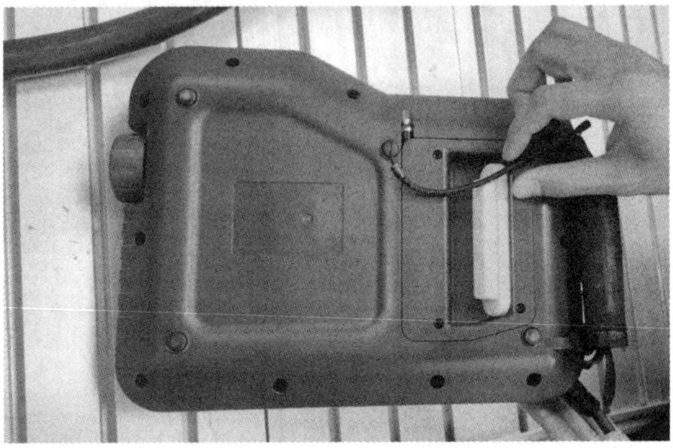

图6.85　示教器后方的“使能”按键

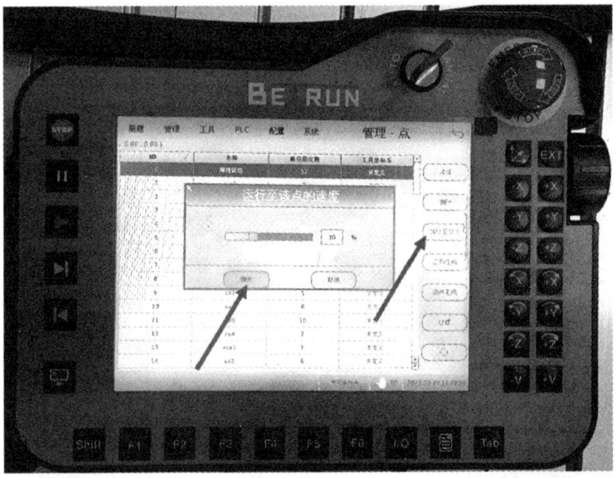

图6.86　点击运行至该点并确认

（2）当六轴机械手回到等待位置后，把挡位调至自动挡，点击运行按钮，然后点击切换程序按钮（图6.87）。

图6.87　进入自动模式，选择切换程序

然后选择示例程序“工业4.0”,然后点击确认即可(图6.88)。

图6.88 选择示例程序

(3) 当程序运行在等待信号的过程中,把机械手的运行速度提高,按下“+V”键把速度提升到50%(图6.89)。

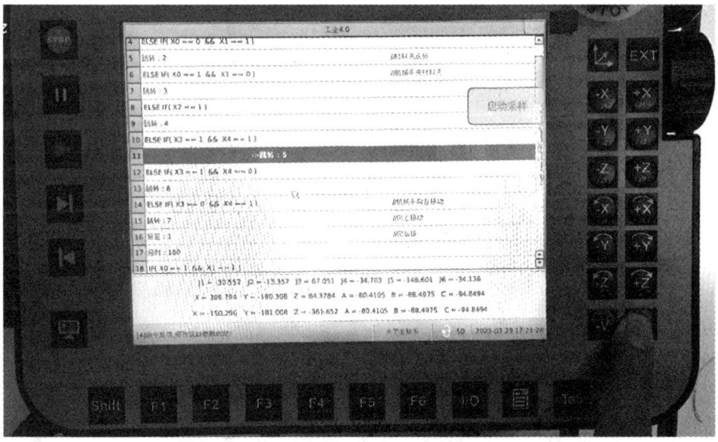

图6.89 速度提升至50%

机械手的准备工作到此完成。

任务4 整条生产线启动

【项目目的】

熟悉整条生产线的启动顺序。

【项目内容】

将各个部件都调试完成,并且做好所有的准备工作后,启动生产线进行加工。

【项目设备】

1. 三轴机械手(一套)。
2. 六轴机械手(一套)。
3. 六轴机械手示教器。
4. 柔性输送线。
5. 小型数控铣床小型数控车床。

【项目步骤】

(1) 回到主控制界面,进入工作模式界面(图6.90)。

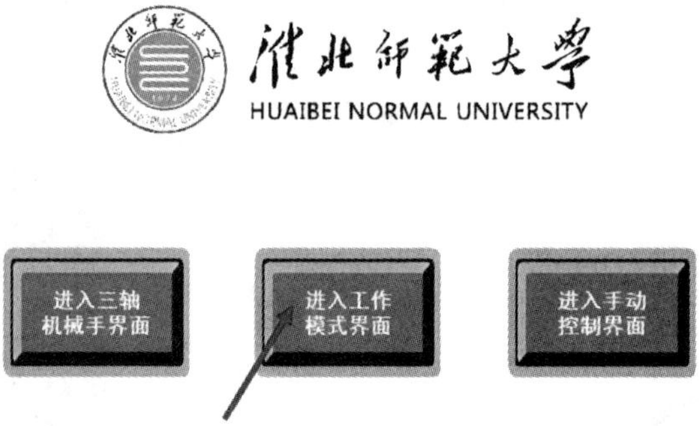

图6.90　点击进入工作模式界面

(2) 点击工作模式界面(图6.91)。

图6.91　点击工作模式界面

（3）把循环模式打开（图6.92）。

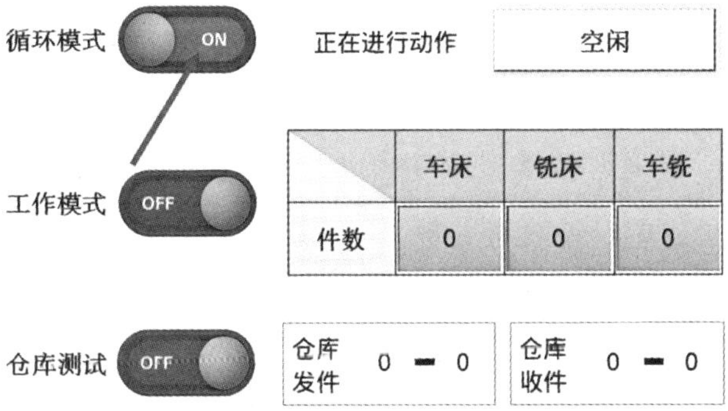

图6.92　打开循环模式

（4）点击面板上的启动按钮，即可启动整条生产线（图6.93）。

图6.93　点击启动按钮

任务5　产线的停止

【项目目的】

熟悉生产线停止的规范化操作流程。

【项目内容】

当任务运行完毕后，停止产线并关闭电源前的准备动作。

【项目设备】

1. 三轴机械手（一套）。
2. 六轴机械手（一套）。

3. 六轴机械手示教器。
4. 柔性输送线。
5. 小型数控铣床。
6. 小型数控车床。

【项目步骤】

（1）当我们想停止产线前，必须查看当前六轴机械手的位置，必须让六轴机械手运动至等待位置才能进行产线停止（图6.94）。

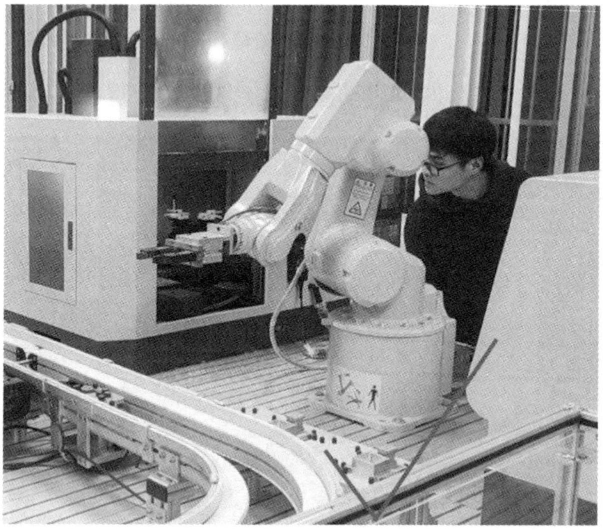

图6.94　机械手等待位置

不能处于铣床或者车床的内部时候按停止，否则停机过后要手动控制将机械手移出机床（图6.95）。

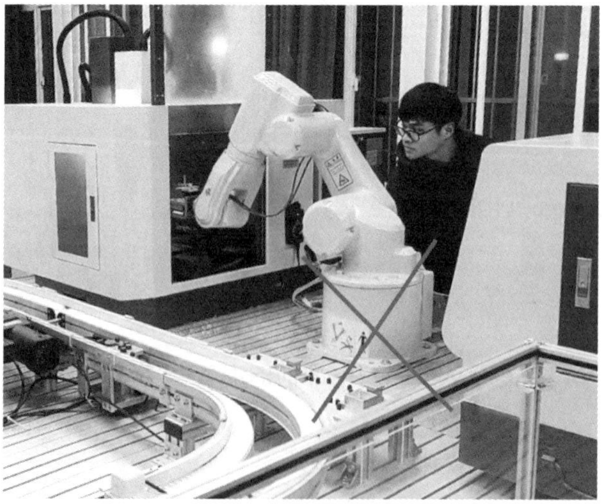

图6.95　切勿在机床内部停止产线

（2）查看三轴机械手此时位置，等待三轴机械手移动至仓库外部即可停止（图6.96）。

图6.96　机械手在仓库外部即可停止产线

(3) 当六轴机械手停止在等待位置,三轴机械手停止在仓库外侧时,就可以让产线停止下来。按下主控面板的急停开关(图6.97)。

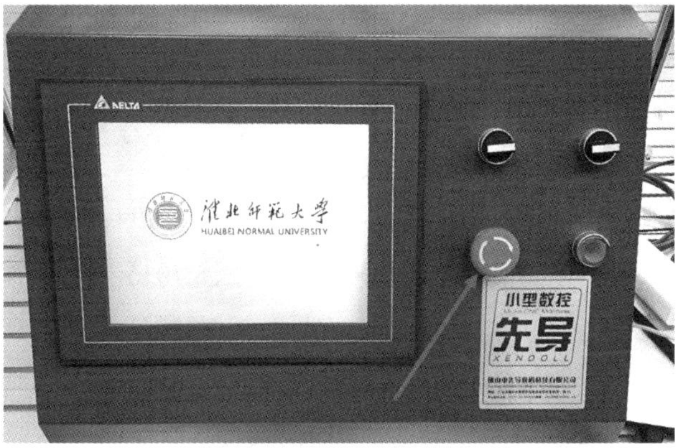

图6.97　按下急停按键

(4) 按下急停按键后,回到机床系统界面上,按下复位键,让机床程序停止(图6.98)。

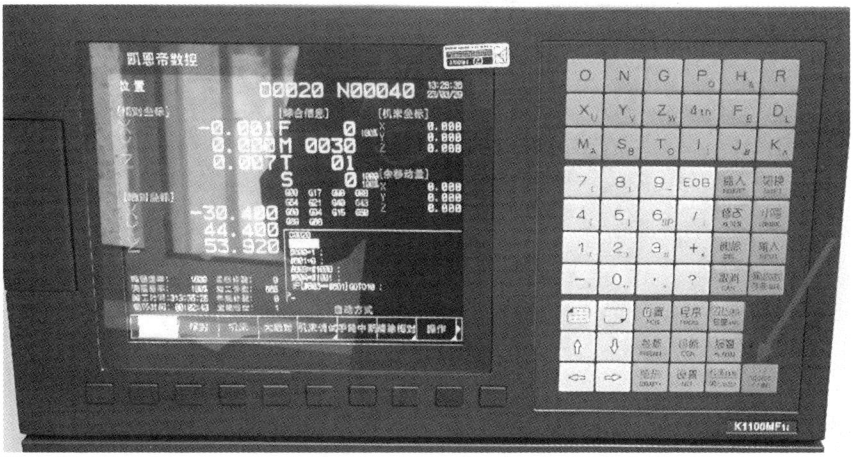

图6.98　按下系统复位键

进入系统“手动”模式，按下机床“安全门”键，打开机床的前门。查看机床内部是否还有工件，如果还有工件则需要把工件手动拿下，车床按下“卡盘(CHUCK)”键，卡盘张开后把工件取出，铣床按下“F4”键，工装张开后把工件取出。

随后把机床各轴回零即可，按下系统“回零(HOME)”按键，随后把各轴方向键按下，让机床轴全部回零。

(5) 回到系统主界面，把急停开关松开，流水线就会重新运转，此时手动将三轴机械手移动至中间位置(图6.99)。

(6) 把输送线上的托盘放回仓库内部，如果运行的是真实加工程序，则把加工完成的工件替换掉，如果运行的是演示程序的话就将托盘连同工件一起放回仓库即可。

(7) 主控界面中把流水线开关关闭(图6.100)。

图6.99　产线关闭前将机械手移动到位置

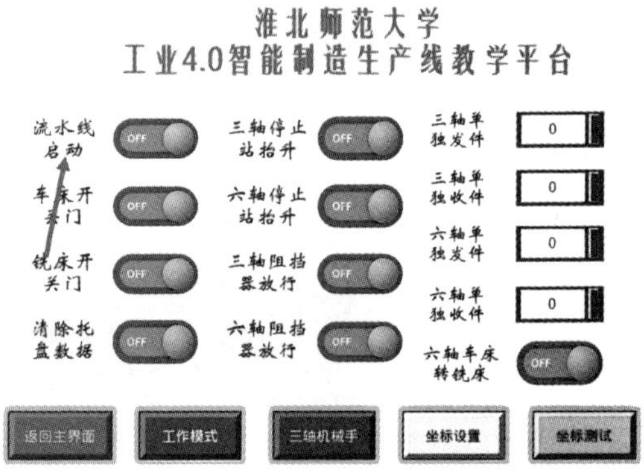

图6.100　把流水线开关关闭

(8) 回到各个机床系统界面上，把系统电源关闭(图6.101)。

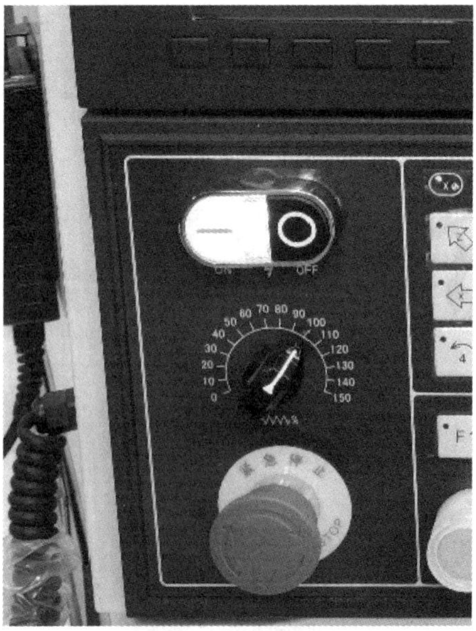

图6.101　系统电源关闭

(9) 回到主控界面将旋钮开关都关闭(图6.102)。

(10) 关闭教室墙上的空气开关(图6.103)。

图6.102　关闭主控制界面旋钮开关

图6.103　关闭空气开关

(11) 使用吸尘器对机床进行打扫。

完成对产线的停止任务。

项目7 激光雕刻机的使用

【机器结构】

激光雕刻机能提高雕刻的效率，使被雕刻处的表面光滑、圆润，迅速地降低被雕刻的非金属材料的温度，减少被雕刻物的形变和内应力；根据激光光源的不同可以分为CO_2非金属激光雕刻机（图7.1）和光纤金属雕刻机。

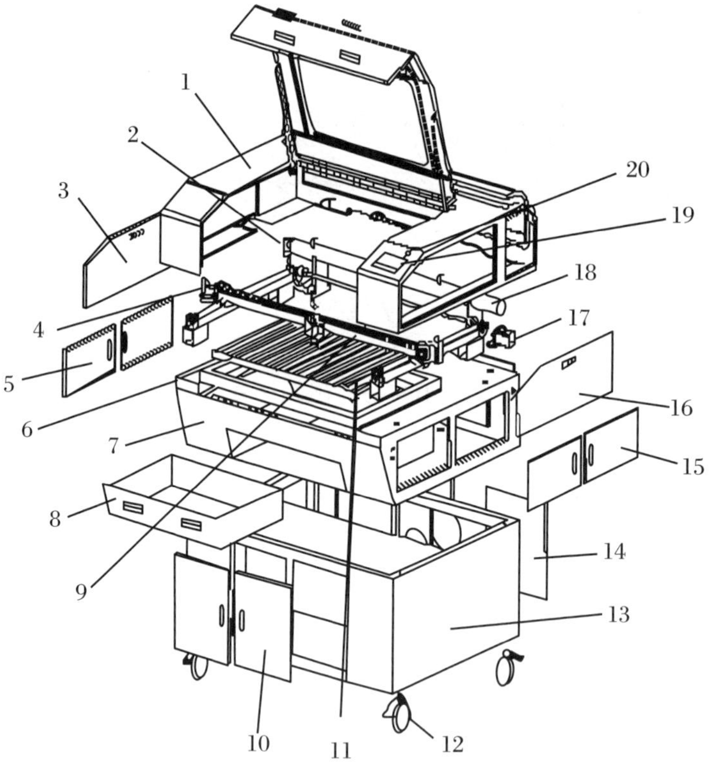

图7.1 激光雕刻机结构图

1. 上盖	8. 残料盒	15. 右下侧门
2. 第一反射镜架	9. 导轨	16. 右上侧门
3. 上侧门	10. 前门	17. 电机
4. 第二反射镜架	11. 工作台	18. 激光管
5. 中侧门	12. 脚轮	19. 控制盒
6. 聚焦头（出光头）	13. 底座	20. 急停开关
7. 中间座	14. 后盖	

【操作步骤】

（1）开机前，检查机器后部气泵、水泵连接线管，确保连接正常（线管上有连接标识）。水泵和气泵处于正常工作状态。

（2）打开上翻盖，检查聚焦头、反射镜架等是否固定可靠；确认水泵是否正常工作，查看光管冷却水是否流动。

（3）接通电源，打开急停开关，此时机器X、Y轴将自动回机器原点。

（4）放上待加工的工件于工作台上，手动移动聚焦头到合适位置，用手按下门保护开关（打开上翻盖时，必须这样激光管才能工作），按操作面板上的点射调节焦距，使加工表面焦点最小。

（5）脱机：不连接电脑工作时，确定各参数无误后，合上上翻盖，按控制面板的的运行按键，将执行加工程序。

（6）联机：用电脑下载加工程序到激光雕刻机时，先确定激光雕刻机的电源是断开的，连接好USB线，开启激光雕刻机，然后再开启电脑；电脑下载完加工程序到激光雕刻机后，应断开USB连线方可加工；关机时，应先关闭电脑，然后再断开激光雕刻机的电源。

（7）在实际加工前需要对加工件坐标进行定位，走加工边框。

【加工注意事项】

（1）激光雕刻机在工作时，禁止打开机盖（顶盖及侧门等），否则将停止激光发射，影响加工质量。

（2）加工工件时，必须打开排烟及吹烟设备，以避免烟尘污染聚焦镜片、反射镜片、打标机，否则将影响镜片聚焦和反射，从而间接影响加工强度、加工精度。

（3）加工木质、纸质工件时，必须密切注意加工速度和加工强度，避免因速度过慢，强度过高而产生火焰。火焰将损坏聚焦镜片，轻者影响加工强度、加工精度，重者机器将无法使用甚至产生火灾。激光雕刻机在工作时必须有人值守！

（4）对于初期使用者进行不规则工件加工时，必须首先进行点射定位，以确定加工位置是否准确无误，否则容易产生废品。

（5）加工薄木板、纸板等易变形材料时，要调整变形幅度使水平差小于1 mm，以避免焦距差过大，影响加工精度。加工纸张时要将纸张固定，避免工作时发生位移。切割纸时，尤其是质松软的纸（宣纸、毛边纸），可先将其叠放15～20张，用水浸湿、整平后，再进行切割。这样可提高工作效率，同时避免因材料燃烧而出现的危险。

（6）进行切割加工时，要使工件架离工作台面2 cm以上，避免激光反射后对工件背面造成损坏，产生废品。

（7）反射镜片及聚焦镜片的清洁：两手指捏住反射镜片，另一只手用照相镜头清洁纸蘸清洁液，轻轻拖曳过镜片表面，禁止用手指压迫镜面避免划伤；或用棉签蘸取照相镜头清洗液轻轻擦拭聚焦镜头直至光洁。而激光雕刻按雕刻方式不同可分为点阵雕刻和矢量切割：点阵雕刻酷似高清晰度的点阵打印。激光头左右摆动，每次雕刻出一条由一系列点组成的一条线，然后激光头同时上下移动雕刻出多条线，最后构成整版的图像或文字。扫描的图形，文字及矢量化图文都可使用点阵雕刻。矢量切割与点阵雕刻不同，矢量切割是在图文的外轮廓线上进行的。

(8) 光路的微调

当光路因运输、安装等出现少量偏差时，需进行微调。

调节步骤如下：

① 采用点射方式，确定激光管射出的平行光在第一反射镜光中心(可用双面胶粘在反射镜同边，不要粘到反射镜表面)。

② 调节第二反射镜，使远近两点之光聚于镜中心，找准远近两点之坐标，调节第一反射镜架使之光线与Y轴运动向平行，然后微调第一反射镜。

③ 调整聚焦头反射镜，使远近两点之光聚于镜中心，方法同上，光线与X轴平行。

④ 调节聚焦镜，使加工件表面光点最小。

(9) 用电脑下载加工程序到激光雕刻机时，先确定激光雕刻机的电源是断开的，连接好USB线，开启激光雕刻机，然后再开启电脑；电脑下载完加工程序到激光雕刻机后，应断开USB连线方可加工；关机时，应先关闭电脑，然后再断开激光雕刻机的电源。

(10) 激光雕刻机上安装了安全保护开关、激光保护开关；安全保护开关安装在防护门的位置上，当防护门打开时将断开激光输出。激光保护开关并联到冷却水管上，当冷却水不足或无水时，将保护激光管使激光管处于保护状态。

【保养和维护】

(1) 水的更换与水箱的清洁

建议：每星期清洗水箱与更换循环水一次。

注意：机器工作前一定保证激光管内充满循环水。

循环水的水质及水温直接影响激光管的使用寿命，建议使用纯净水，并将水温控制在35 ℃以下。如超过35 ℃需更换循环水，或向水中添加冰块降低水温(建议用户选择冷却机，或使用两个水箱)。

清洗水箱：首先关闭电源，拔掉进水口水管，让激光管内的水自动流入水箱内，打开水箱，取出水泵，清除水泵上的污垢。将水箱清洗干净，更换好循环水，把水泵还原回水箱，将连接水泵的水管插入进水口，整理好各接头。把水泵单独通电，并运行2～3分钟(使激光管充满循环水)。

(2) 风机清洁

风机长时间的使用，会使风机里面积累很多的固体灰尘，让风机产生很大噪声，也不利于排气和除味。当出现风机吸力不足排烟不畅时，首先关闭电源，将风机上的入风管与出风管卸下，除去里面的灰尘，然后将风机倒立，并拨动里面的风叶，直至清洁干净，然后将风机安装好。

(3) 镜片的清洁(设备须处于关机状态)

雕刻机上有3块反射镜与1块聚焦镜(1号反射镜位于激光管的发射出口处，也就是机器的左上角，2号反射镜位于横梁的左端，3号反射镜位于激光头固定部分的顶部，聚焦镜位于激光头下部可调节的镜筒中),激光是通过这些镜片反射、聚焦后从激光头发射出来的。镜片很容易沾上灰尘或其他的污染物,造成激光的损耗或镜片损坏,1号与2号镜片清洗时无须取下,只需将蘸有清洗液的擦镜纸小心地沿镜片中央向边缘旋转式擦拭。3号镜片与聚焦镜需要从镜架中取出,用同样的方法擦拭,擦拭完毕后原样装回即可。

注意:镜片应轻轻擦拭,不可损坏表面镀膜;擦拭过程应轻拿轻放,防止跌落;聚焦镜安装时请务必保持凹面向下。

(4) 导轨的清洁(建议每半个月清洁一次,关机操作)

导轨、直线轴作为设备的核心部件之一,它的功用是起导向和支承作用。为了保证机器有较高的加工精度,要求其导轨、直线具有较高的导向精度和良好的运动平稳性。设备在运行过程中,由于被加工件在加工中会产生大量的腐蚀性粉尘和烟雾,这些烟雾和粉尘长期大量沉积于导轨、直线轴表面,对设备的加工精度有很大影响,并且会在导轨直线轴表面形成蚀点,缩短设备使用寿命。为了让机器正常稳定工作,确保产品的加工质量,要认真做好导轨、直线轴的日常维护。

注意:清洁导轨请准备干棉布、润滑油。

XD9060系列激光雕刻机使用的是滚轮导轨。清洁方法:把横梁移动到内侧,打开机器两侧端盖,用干棉布把两侧导轨与滚轮接触的地方擦拭干净,再移动横梁,把剩余地方清洁干净。

(5) 螺丝、联轴节的紧固(关机操作)

运动系统在工作一段时间后,运动连接处的螺丝、联轴节会产生松动,会影响机械运动的平稳性,所以在机器运行中要观察传动部件有没有异响或异常现象,发现问题要及时紧固和维护。同时机器应该过一段时间用工具逐个坚固螺丝。第1次坚固应在设备使用后一个月左右。

(6) 光路的检查

激光雕刻机的光路系统是由反射镜的反射与聚焦镜的聚焦共同完成的,在光路中聚焦镜不存在偏移问题,但3个反射镜是由机械部分固定的,偏移的可能性较大,虽然通常情况下不会发生偏移,但建议用户每次工作前务必检查一下光路是否正常。

项目8　3D扫描仪的使用

三维扫描仪，也称为三维立体扫描仪，3D扫描仪，是融合光、机、电和计算机技术于一体的高科技产品，主要用于获取物体外表面的三维坐标及物体的三维数字化模型。该设备不但可用于产品的逆向工程、三维检测等领域，而且随着三维扫描技术的不断深入发展，诸如三维影视动画、数字化展览馆、服装量身定制、计算机虚拟现实仿真与可视化等越来越多的行业也开始应用三维扫描仪这一便捷的手段来创建实物的数字化模型。通过三维扫描仪非接触扫描实物模型，得到实物表面精确的三维点云数据，最终生成实物的数字模型，不仅速度快，而且精度高，几乎可以完美地复制现实世界中的任何物体，以数字化的形式逼真地重现现实世界。

【使用前注意事项】

1. 不适合扫描的物体

不适合扫描的物体举例如图8.1所示。

图8.1　不适合扫描的物体

2. 扫描前准备

(1) 扫描环境要求：扫描仪使用时，尽量不要放置在强光源下（太阳光、射灯、频闪的灯等）。避免周围光干扰（包括强光照射、光照变化（如走动）），正常的室内LED光环境可以正常使用。如果太阳光强，尽量拉上窗帘或是放置在背光一侧，不要放在落地窗下使用。

(2) 扫描背景要求：标定和扫描过程，尽量保证扫描仪拍摄视野场景稳定，没有人/物走动，不要有反光高亮物品，黑色背景为最佳。

(3) 扫描稳定要求：请将扫描仪和转台放置在稳定的平台上工作，尽量避免平台晃动。物品应放置在转台的中心，在转台转动过程中需保证物品不会晃动或是发生位移，否则需重新进行扫描。

(4) 标定要求:凡是转台、扫描仪发生位移或扫描仪角度变动,都需要重新标定才能继续扫描。标定时,标定板和标定板支架的角度为68°;标定板标定时,尽量放在转台中间;在标定过程中,请勿移动标定板支架的位置,只翻转标定板;标定完成之后,请勿移动转台和扫描仪之间的相对位置,扫描仪的角度也不能发生变动。

(5) 软件操作要求:扫描过程、计算标定结果、两个模型拼接和模型封装等以上步骤都需要一定的计算处理时间(电脑CPU配置越高,等待处理时间越短),请勿操作软件界面或旋转模型,静静等待即可。

(6) USB设备要求:在三维扫描仪扫描过程中,不要插拔其他USB设备(鼠标、键盘、U盘等)。

【操作步骤】

1. 设备组装

(1) 将扫描头放置在转台主体上面,转台线连接至扫描头(图8.2)。

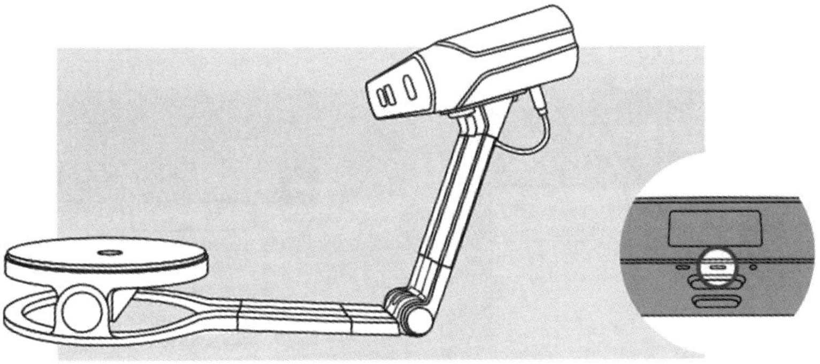

图8.2　转台线连接至扫描头

(2) 将Type C线连接至转台主体和电脑端,电源适配器连接至转台主体(图8.3)。

(3) 将标定板支架放置在转台主体正中间,将标定板放置在标定板支架上(图8.4)。

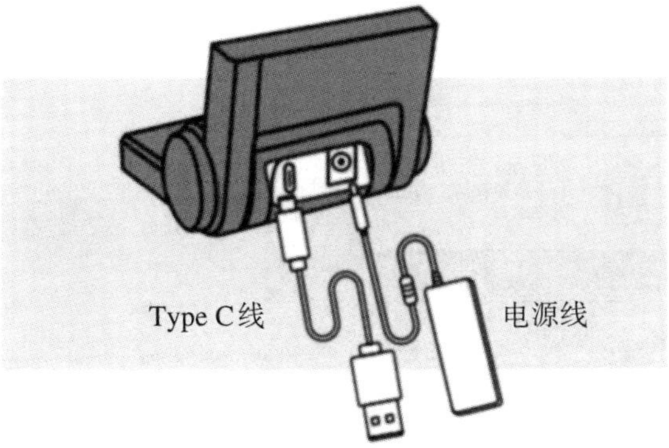

图8.3　Type C线连接

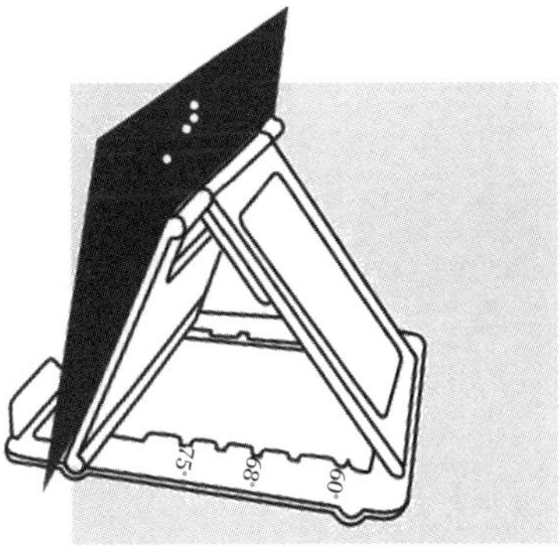

图8.4　标定板放置

2. 软件安装

按如图8.5所示安装。

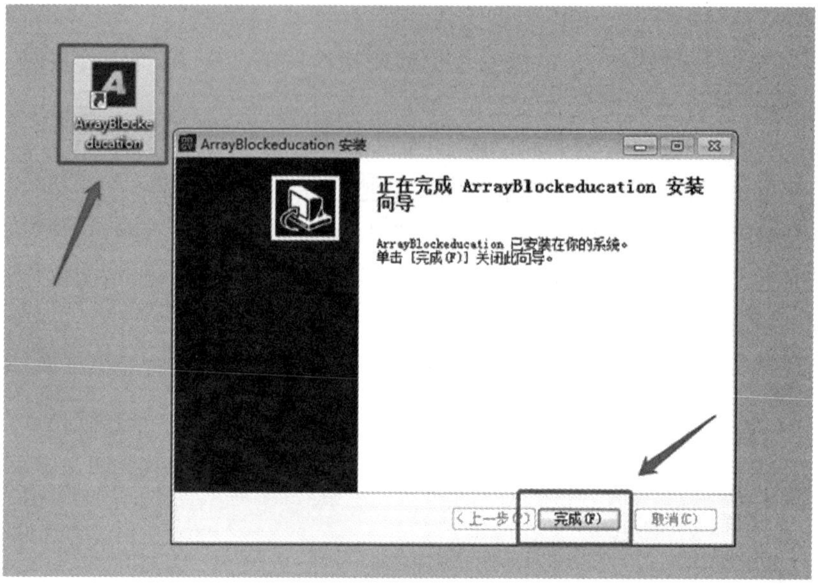

图 8.5　软件安装

3. 打开软件

按图8.6所示打开软件。

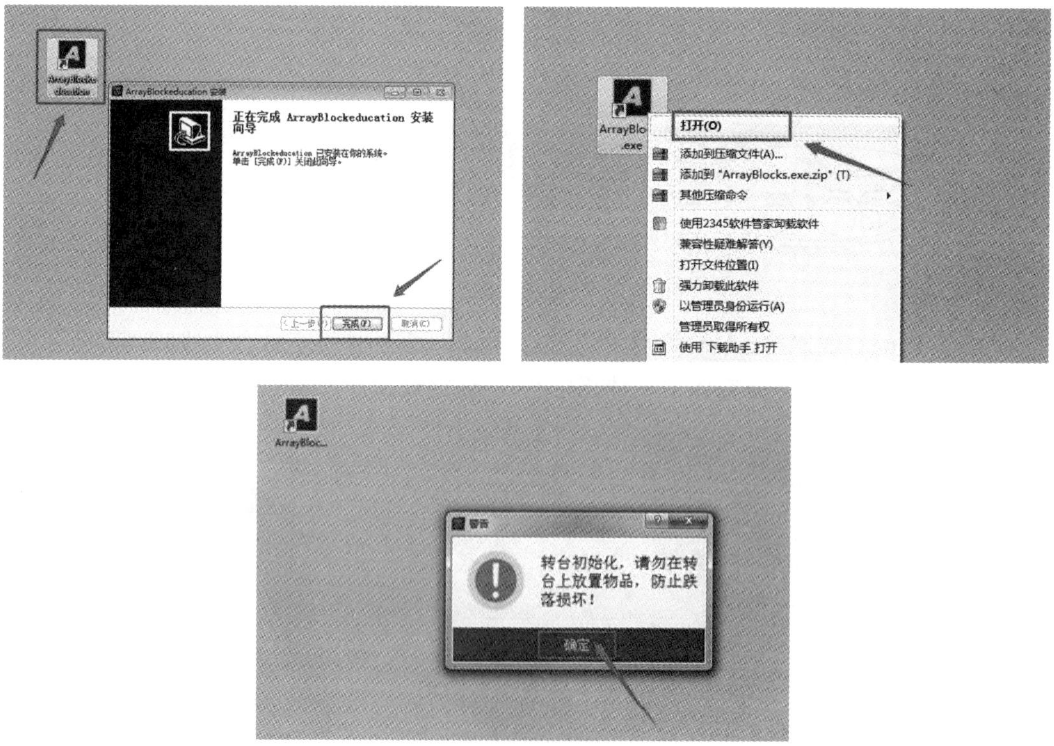

图 8.6　打开软件

4. 标定

(1) 标定板放置

① 将标定板支架68°和75°之间的两个槽位跟转台中间的小圆点对齐一线放置(图8.7)。

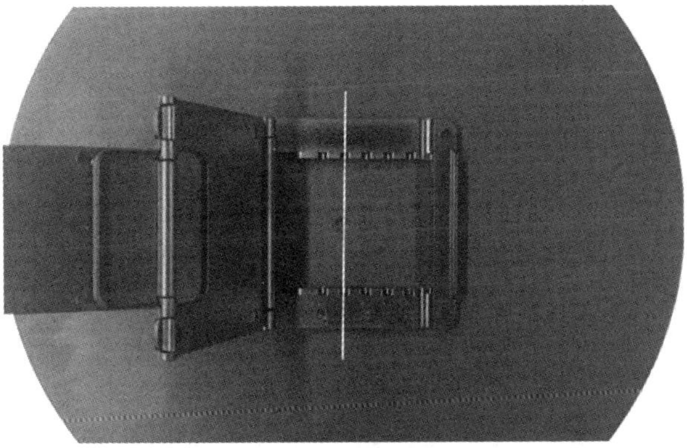

图8.7　支架放置

② 将标定板支架插入最后，并保持处于原位，将标定板如图8.8所示居中放置。

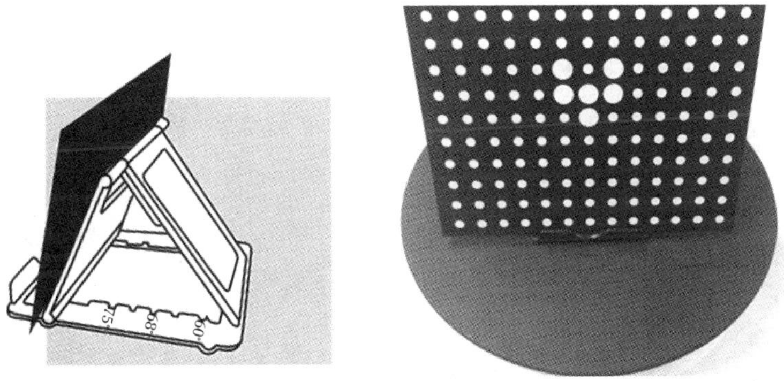

图8.8　标定板放置

③ 图8.9所示都为错误放置，左侧为标定板没有支在凹槽的前沿，右侧为标定板没有居中对齐。

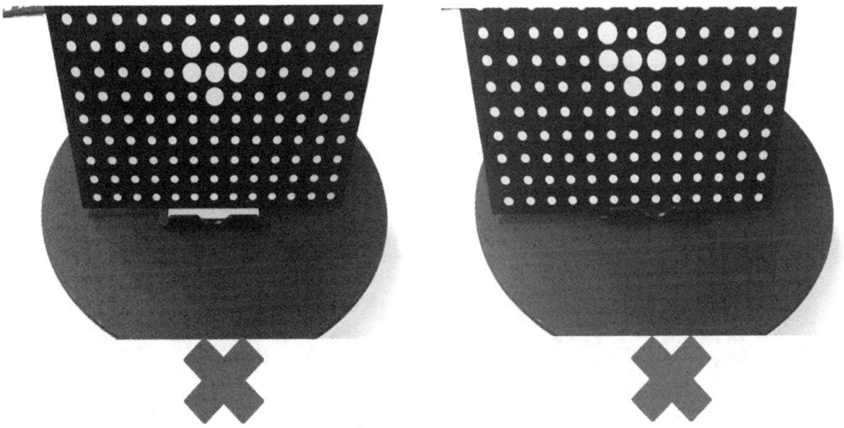

图8.9　标定板错误放置示意图

(2) 标定

① 标定板安装正确位置放置后，点击"校准"按钮进行标定(图8.10)。

② 右上角示意图摆放标定板，注意中心大圆点的方向，确保无误后，点击"开始"标定第1个方向(图8.11)。

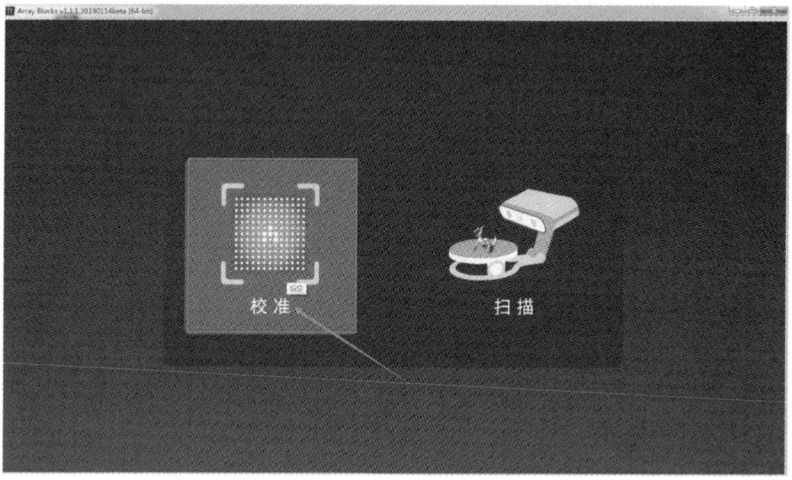

图 8.10　校准

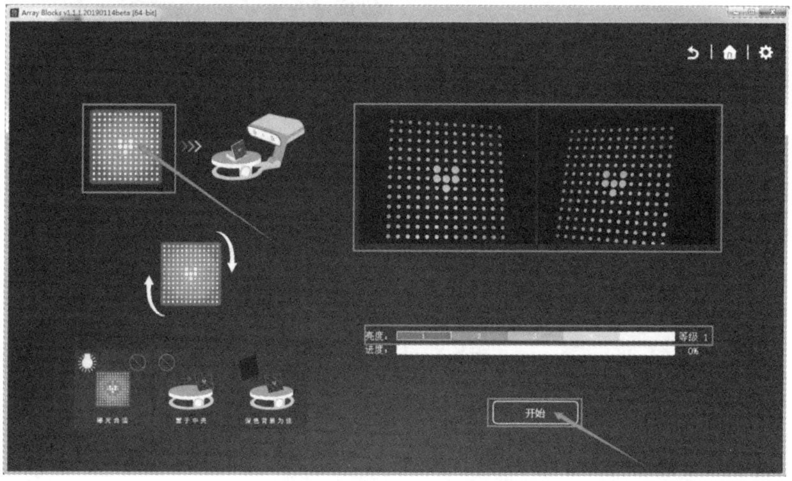

图 8.11　第 1 个方向标定

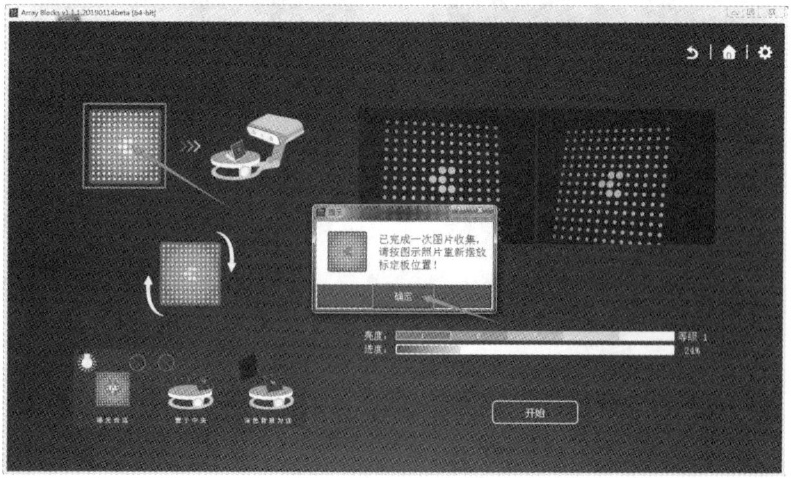

图 8.12　第 1 个方向标定完成

③ 按图 8.12 所示方向放置标定板，点击“确定”，然后点击“开始”标定第 2 个方向(图 8.13)。

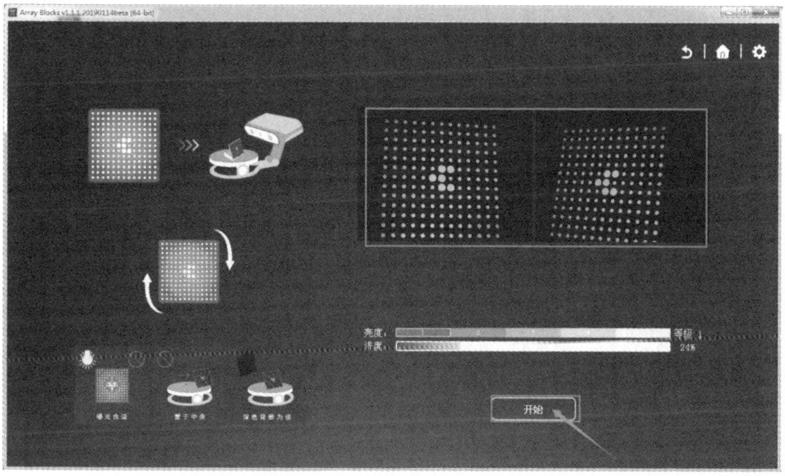

图8.13　第2个方向标定

④ 按图8.14所示方向放置标定板，点击“确定”，然后点击“开始”标定第3个方向（图8.15）。

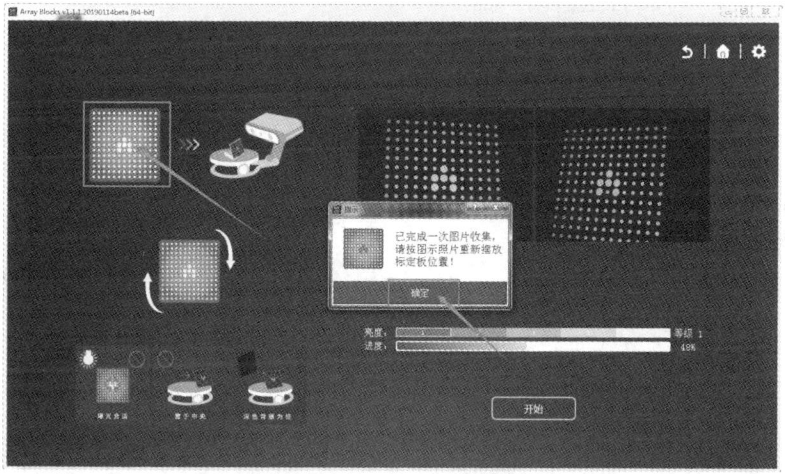

图8.14　第2个方向标定完成

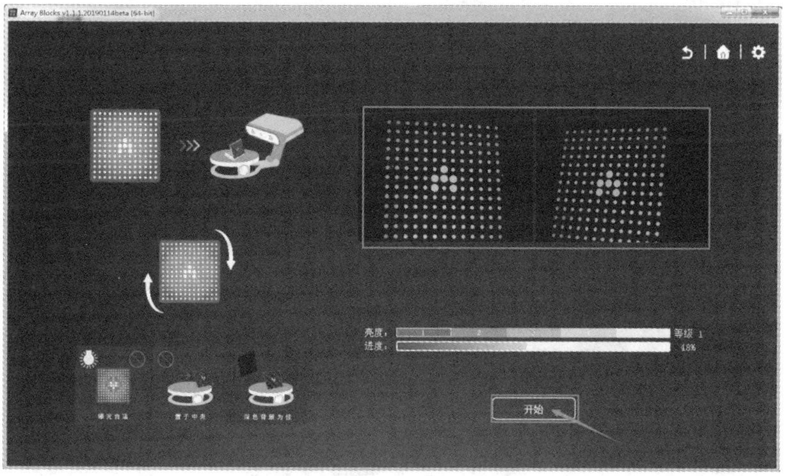

图8.15　第3个方向标定

⑤ 3个方向标定过后,等待几秒,提示标定成功后,点击“确定”(图8.16)。

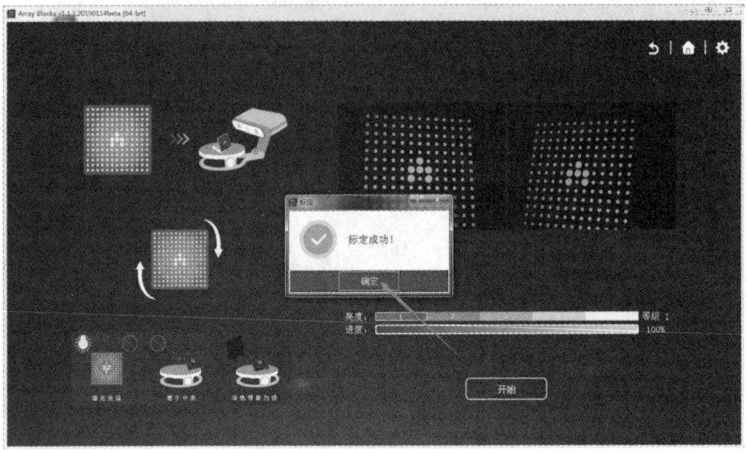

图8.16　第3个方向标定完成

5. 扫描

(1) 自动扫描——转台全自动扫描

① 标定完成之后,选择“扫描”(图8.17),再选择“自动扫描”(图8.18)。

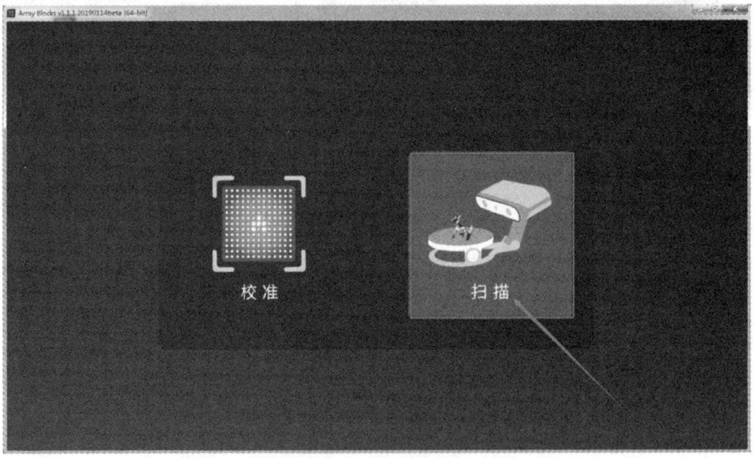

图8.17　扫描

图8.18　自动扫描

② 如需扫描得到彩色纹理数据，请选择彩色扫描，并进行颜色校准（图8.19）；操作方法为在扫描物体前摆放一张白纸，点击“颜色校准”，等待片刻，点击“确定”颜色校准完毕（图8.20）。

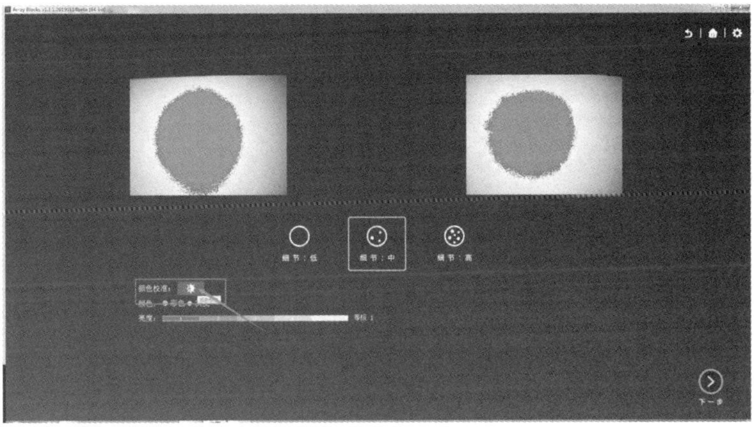

图8.19　颜色校准

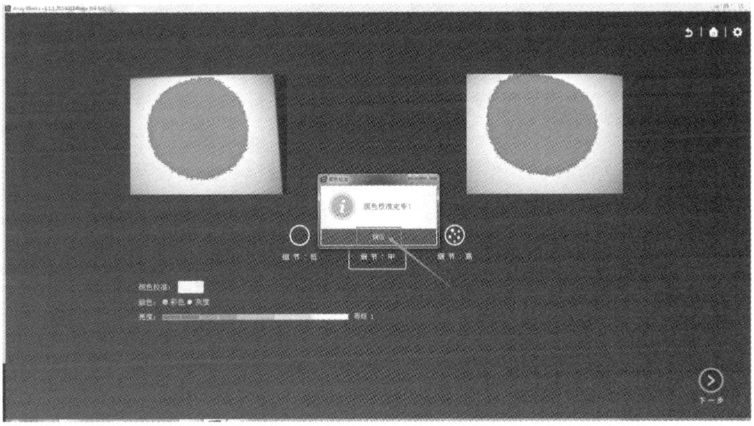

图8.20　颜色校准完成

③ 在转台上放置需要扫描的物体，根据需要选择“低、中、高”细节，并选择合适的亮度，点击“下一步”（图8.21）。

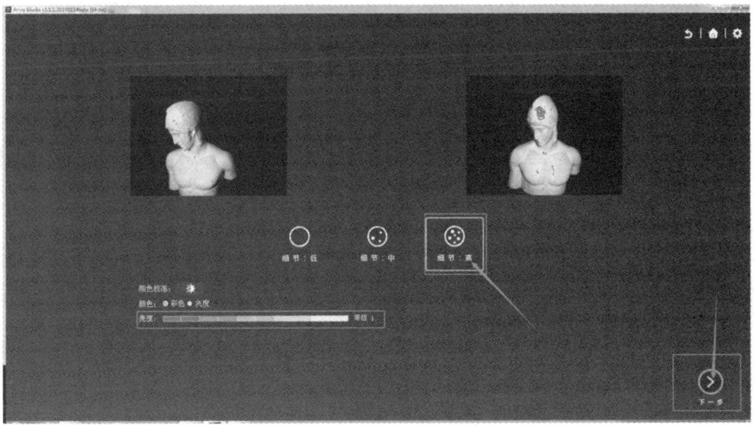

图8.21　细节选择

④ 选择扫描次数(默认8次),然后点击“扫描”,物体开始扫描,请不要移动设备和物体(图8.22)。

图8.22　扫描次数选择

⑤ 扫描结束(图8.23),如物体还有部分未扫描到,点击“确定”,进行多角度扫描;改变物体摆放的角度,点击“扫描”(图8.24)。

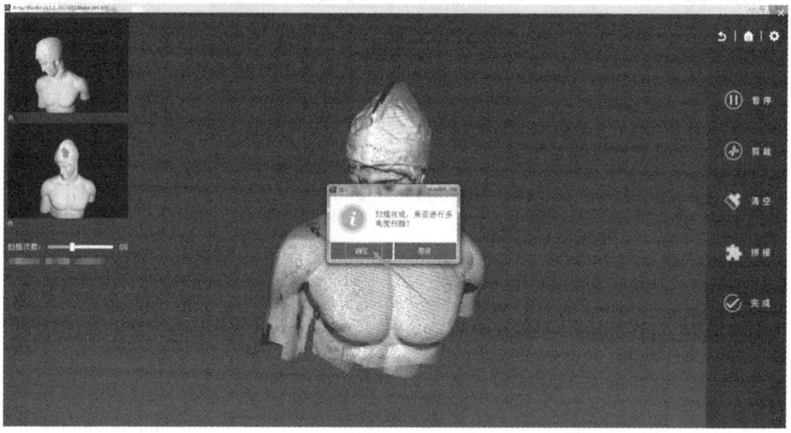

图8.23　扫描结束

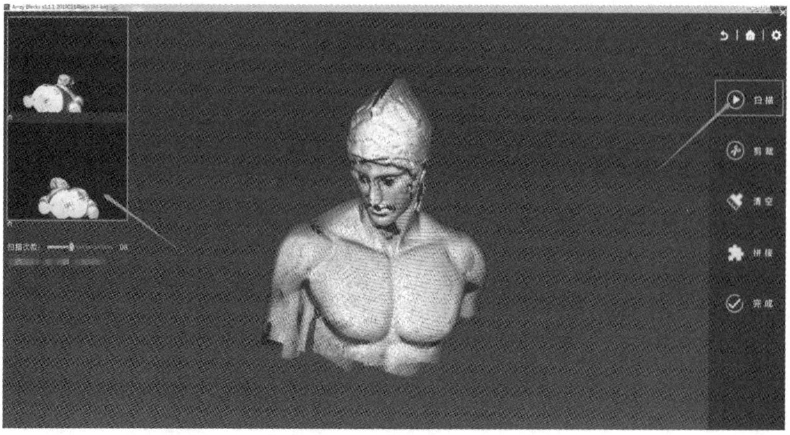

图8.24　多角度扫描

⑥ 多角度扫描结束,物体的各部分数据都已扫描到,点击“取消”,不进行下一次扫描,点击“完成”(图8.25)。

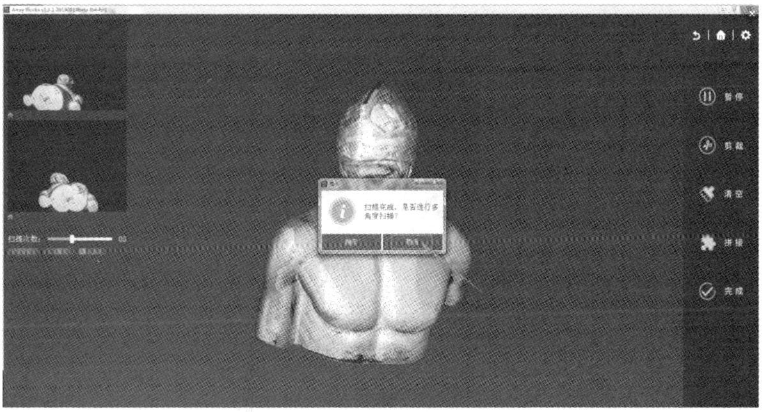

图8.25　多角度扫描完成

(2) 自由扫描——自由选择旋转角度

① 选择“扫描”,再选择“自由扫描”(图8.26)。

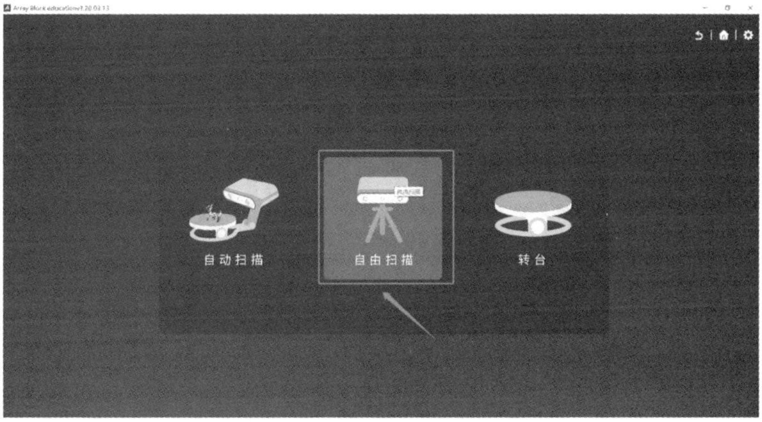

图8.26　自由扫描

② 在右下方角度框中输入任意角度,进行自由扫描。扫描完成后点击“扫描完成”(图8.27)。

图8.27　任意角度选择

(3) 转台

通过软件单独控制转台，用于物品拍摄或是照片三维建模等研究。

① 选择“扫描”，再选择“转台”(图8.28)。

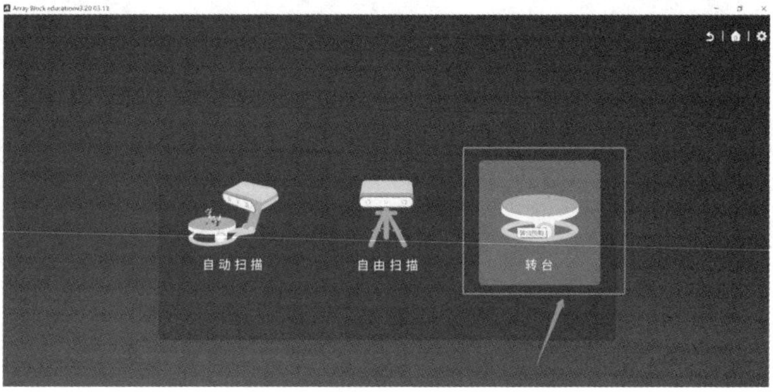

图8.28　转台

② 在“角度”处输入转台转动的角度，点击“发送”；若不需要使用转台控制，点击“返回”可返回到主界面(图8.29)。

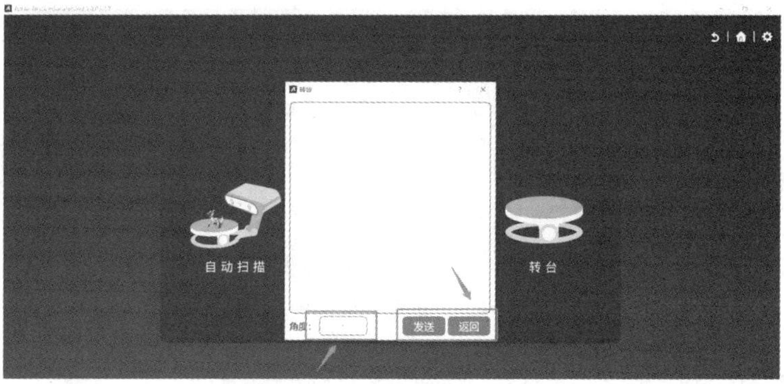

图8.29　转台转动角度填写

6. 封装、保存

(1) 点击封装(图8.30)，如需开放模型，则先选择“开放模型”再点击确定；如扫描物体需要3D打印，根据需要选择曲率或者平面，后选择“封闭模型”再点击确定，等待网格生成完毕(图8.31和图8.32)。

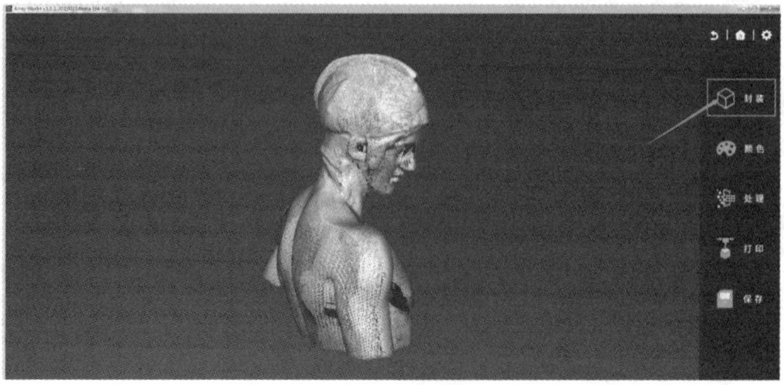

图8.30　封装

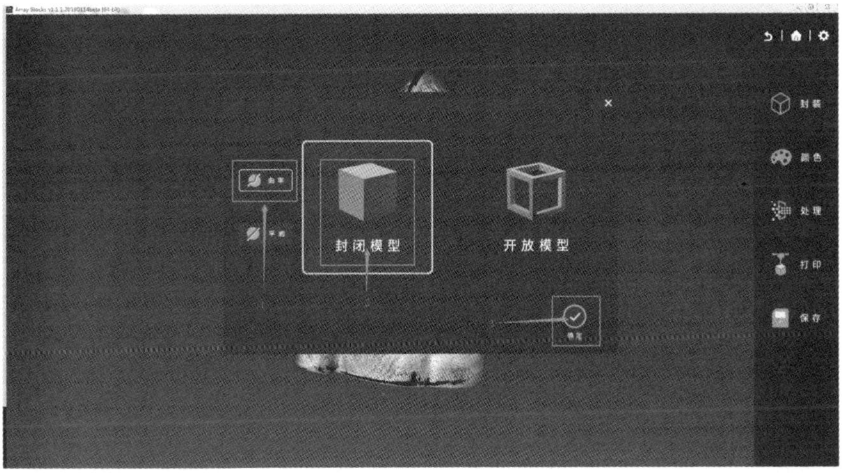

图8.31　封闭模型

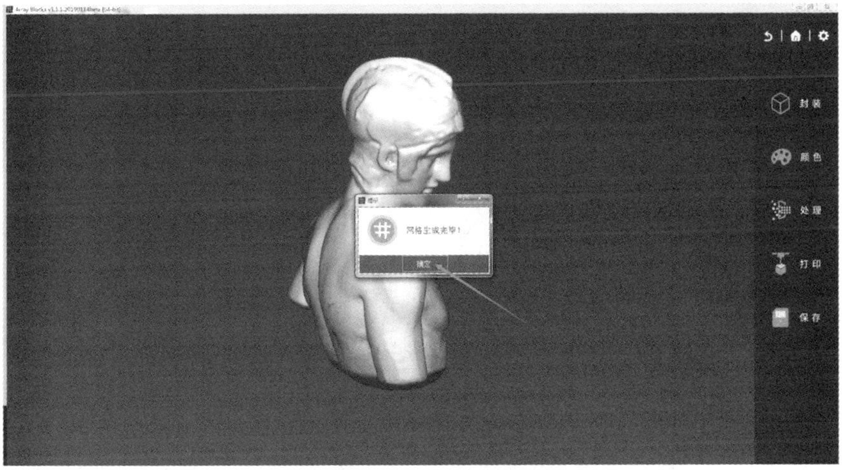

图8.32　网格生成完毕

（2）点击“保存”导出需要的格式，如需3D打印的，则点击“导出网格”，下拉框选择STL格式；或点击“导出原始点云”（图8.33至图8.36）。

图8.33　导出网格

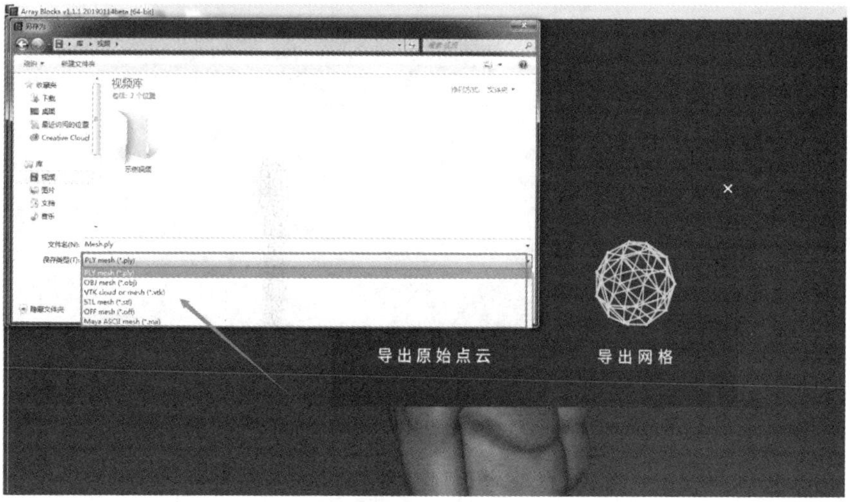

图 8.34　导出网格文件格式选择

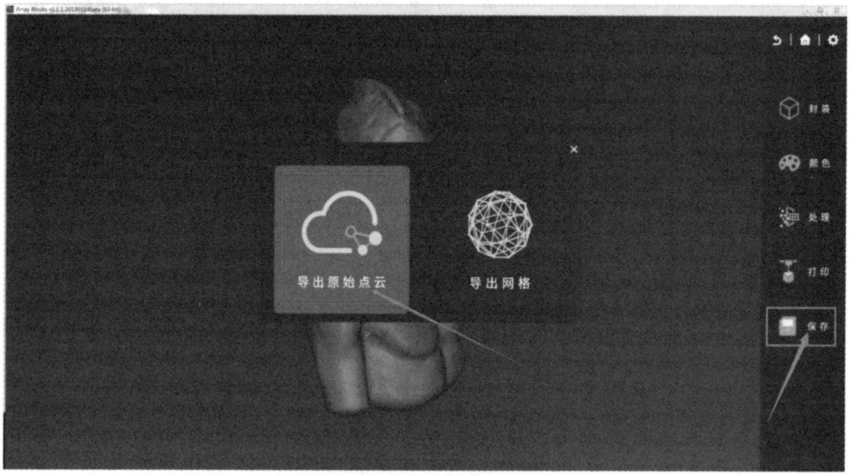

图 8.35　导出原始点云

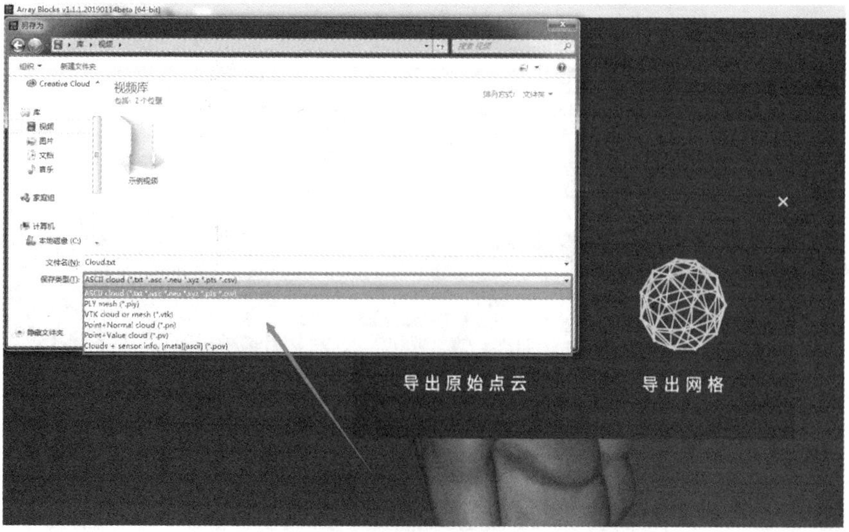

图 8.36　导出原始点云文件格式选择

7. 裁剪

（1）数据扫描完成，如发现扫描有多余的数据，可选择“裁剪”功能（图8.37）。

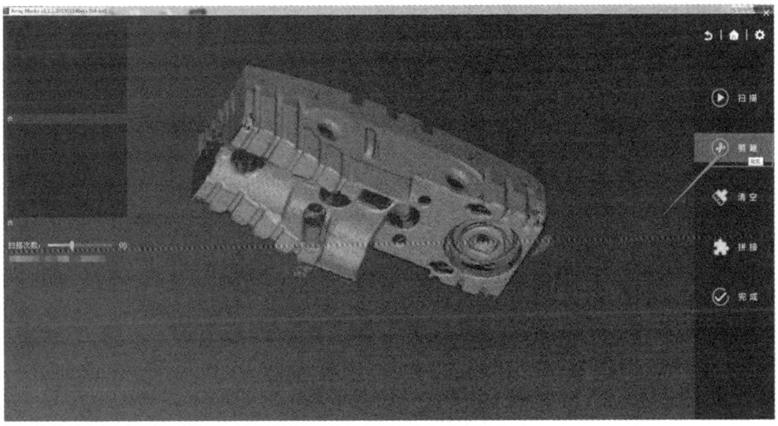

图8.37　裁剪

（2）选择扫描多余的数据，左下角可选择裁剪的方式，鼠标左键可选择需裁剪的部分，鼠标右键确认选择，箭头所指为选中需删除部分，点击左下角“√”确定删除箭头所指部分（图8.38至图8.40）。

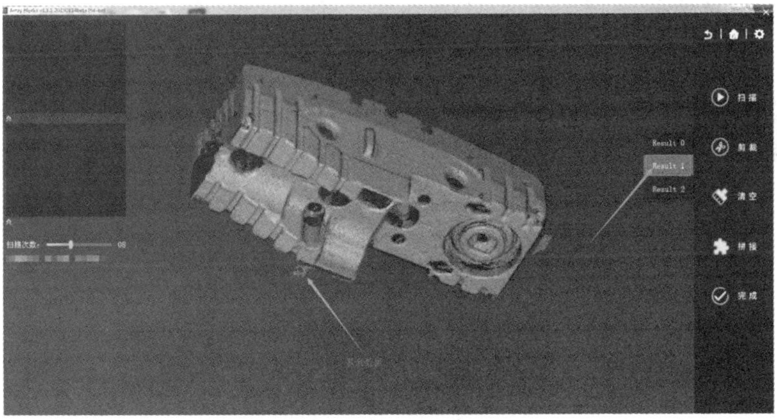

图8.38　多余数据选取

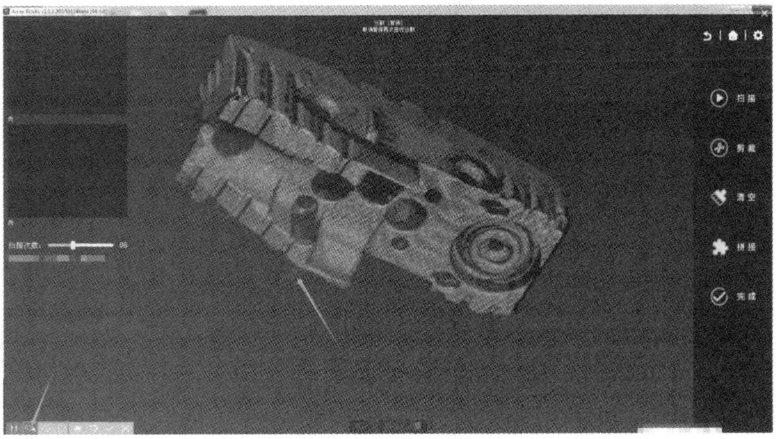

图8.39　选中需删除红色部分

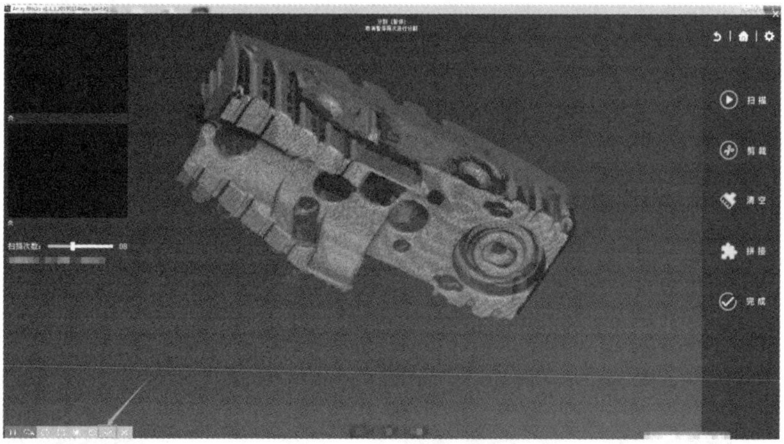

图 8.40 “√”确定删除

(3) 裁剪完成,多余数据已被删除(图 8.41)。

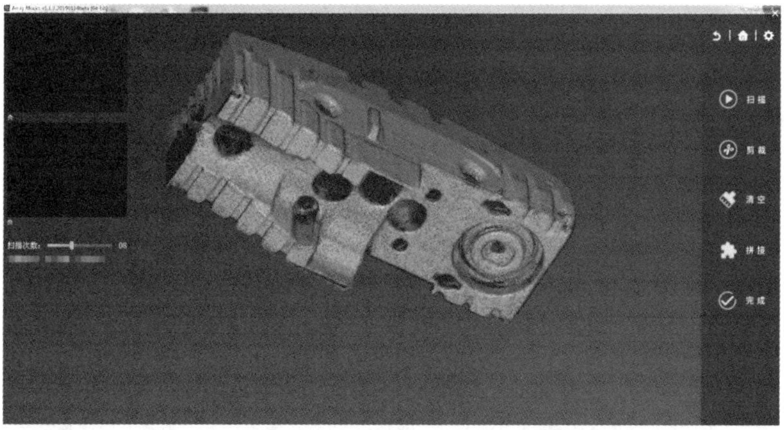

图 8.41 已删除

8. 颜色

点击“颜色”,可根据需要选择“单色、彩色和贴图”,导出时,网格数据的 STL 为单色,网格数据的 PLY 为彩色,网格数据的 OBJ 为对应物体的贴图(图 8.42)。

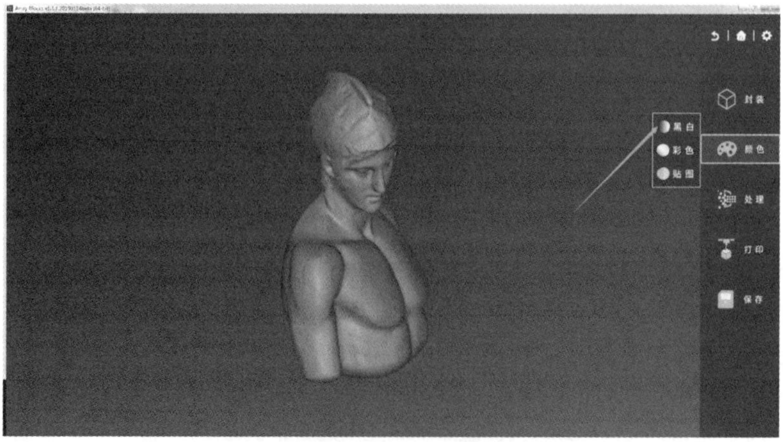

图 8.42 颜色选取

9. 处理

（1）点击“处理”，如数据比较粗糙，可选择“平滑”（图8.43和图8.44）。

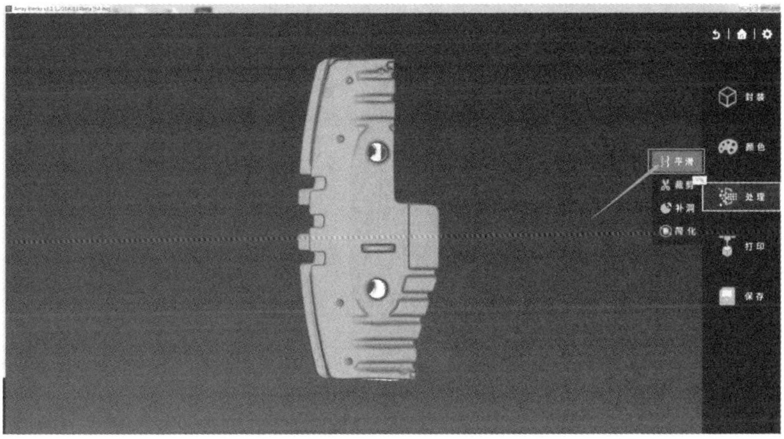

图8.43　平滑处理

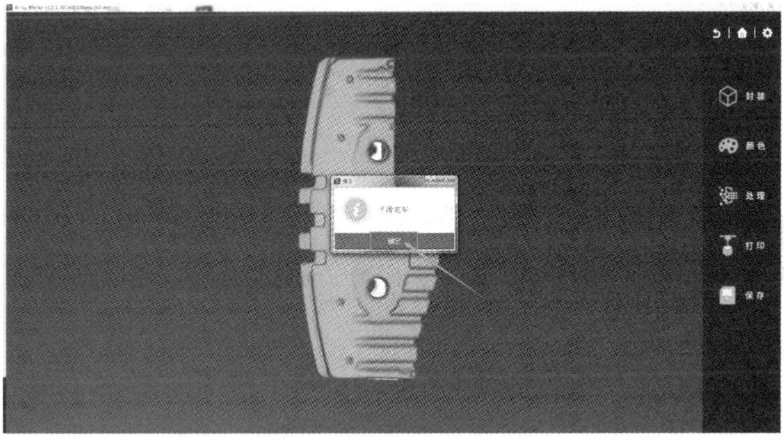

图8.44　平滑处理完毕

（2）如数据有多余不需要的部分，可选择“裁剪”将其去除；操作步骤同“点云裁剪”（图8.45和图8.46）。

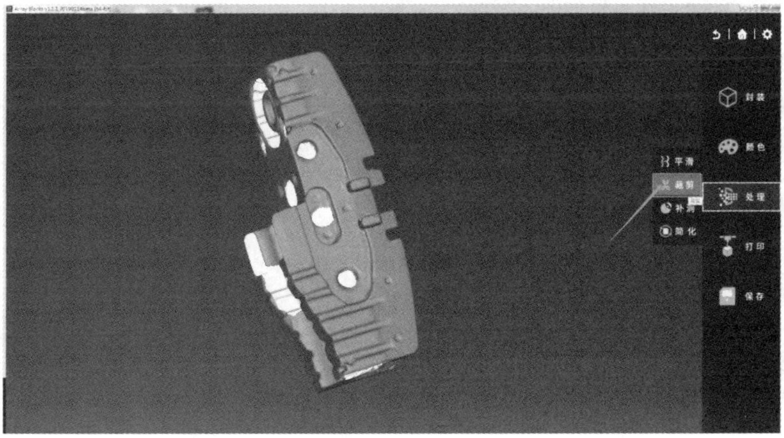

图8.45　裁剪

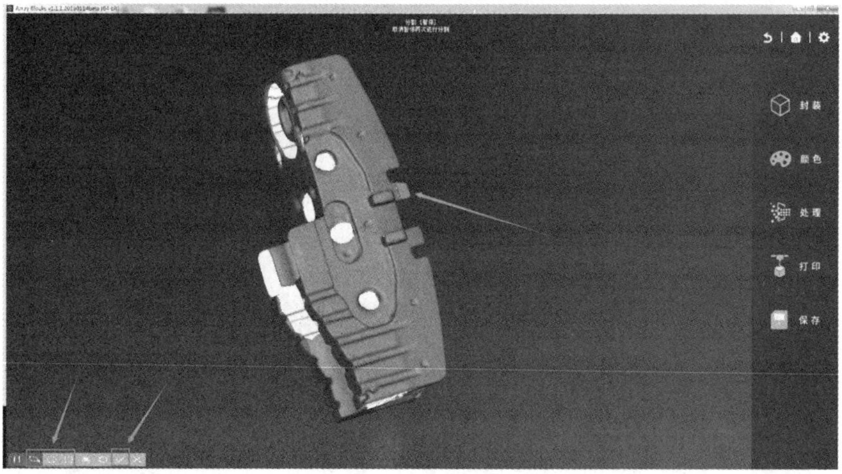

图 8.46　选中裁剪区域

(3) 如选择了“开放模型”进行封装，后又需要3D打印，可选择“补洞”；根据需要选择“曲率或平面”的补洞方式(图8.47和图8.48)。

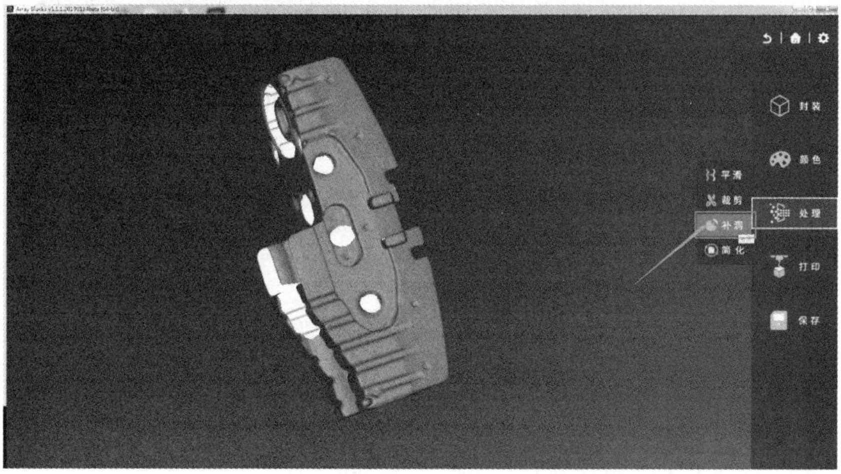

图 8.47　补洞

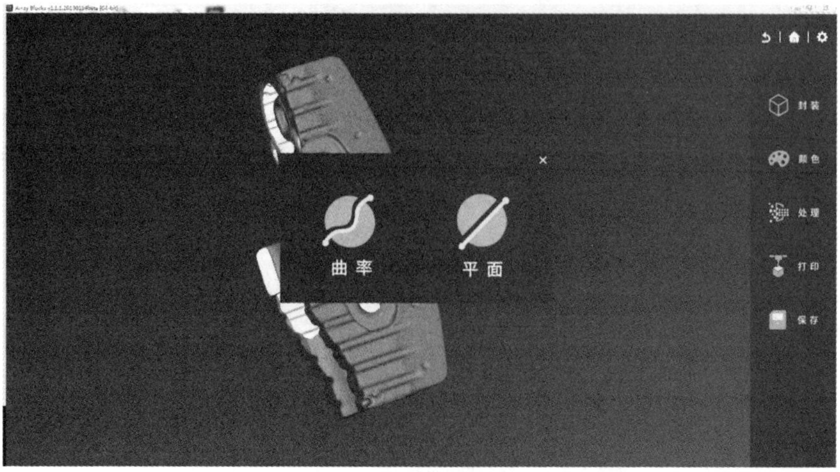

图 8.48　“曲率或平面”的补洞方式选择

（4）如数据量太大，可选择“简化”，可根据需要拉动进度条或者手动输入分比来简化模型（图8.48和图8.51）。

图8.49 简化

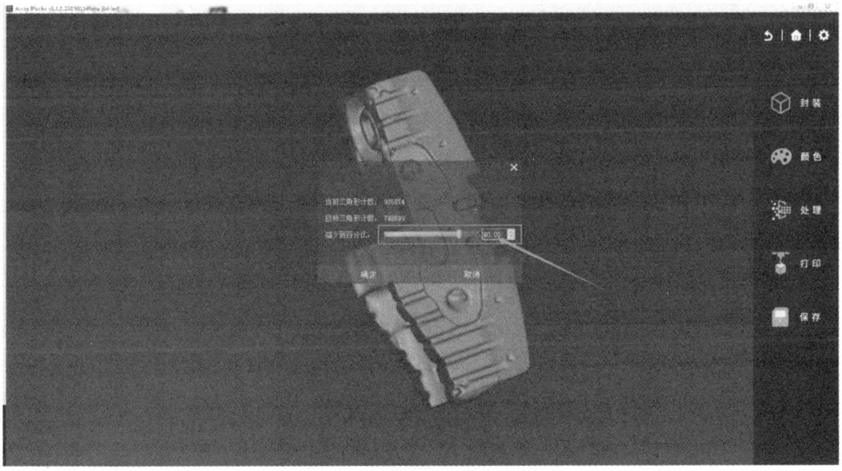

图8.50　简化程度选择

图8.51　简化完成

10. 打印

（1）点击“打印”（图8.52）。

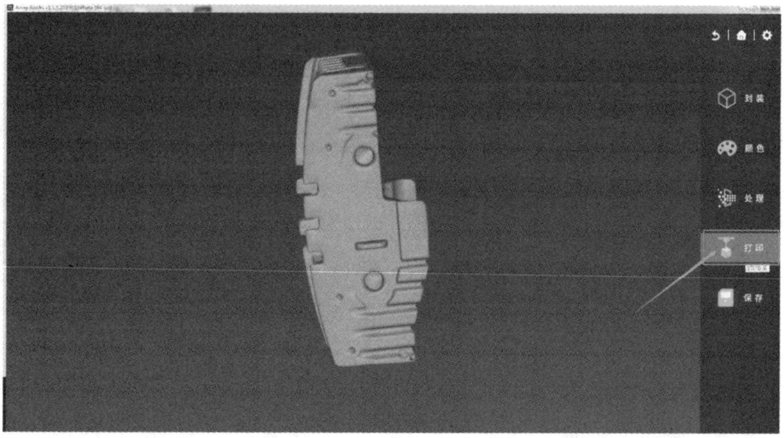

图8.52　打印

（2）这里以磐纹切片软件为例，点击“确定”添加设备配置文件（图8.53）。

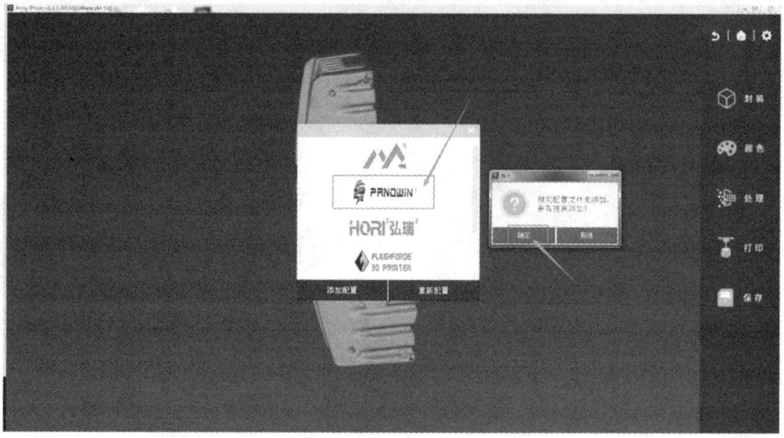

图8.53　添加设备配置文件

（3）找到磐纹切片软件的安装位置，选择.exe文件后点击“打开”，配置完成（图8.54）。

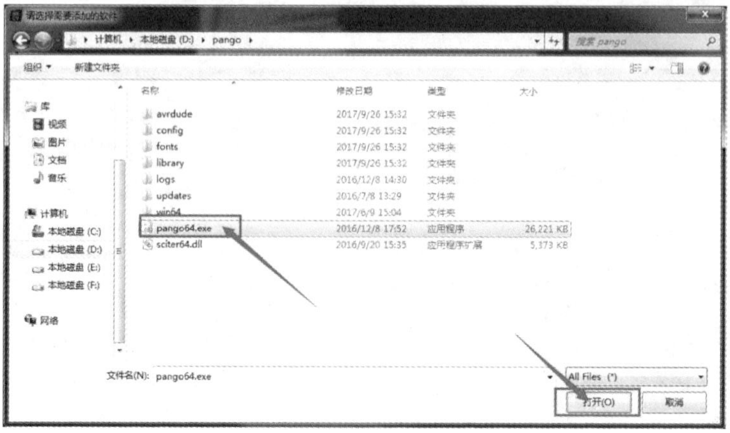

图8.54　选择配置文件程序

(4) 打开之后,点击磐纹切片软件的logo,就可以一键打开切片软件,数据出现在切片软件中(图8.55和图8.56)。

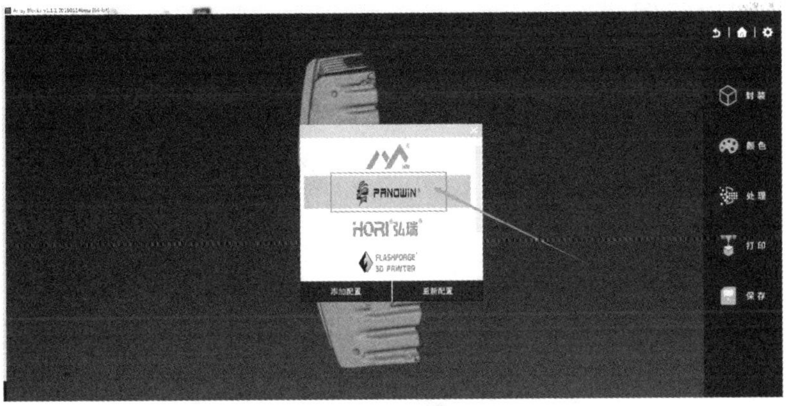

图8.55　点击切片软件

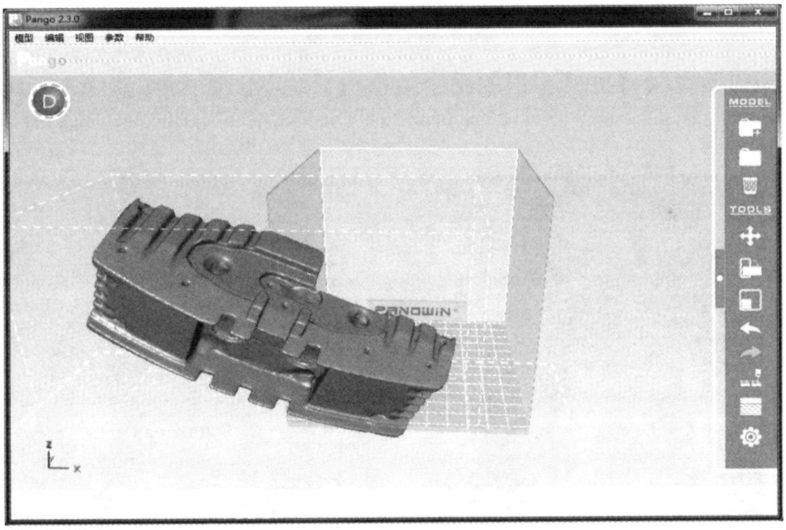

图8.56　切片软件已打开

(5) 如配置错误,可点击“重新配置”(图8.57)。

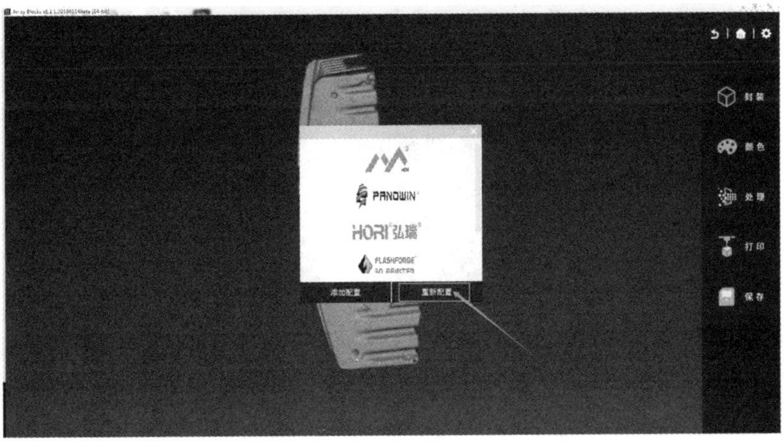

图8.57　重新配置

11. 手动拼接

(1) 多角度扫描完成后,如窗口提示“拼接错误”,则可选择“拼接”使两次扫描的数据正确地整合在一起(图8.58)。

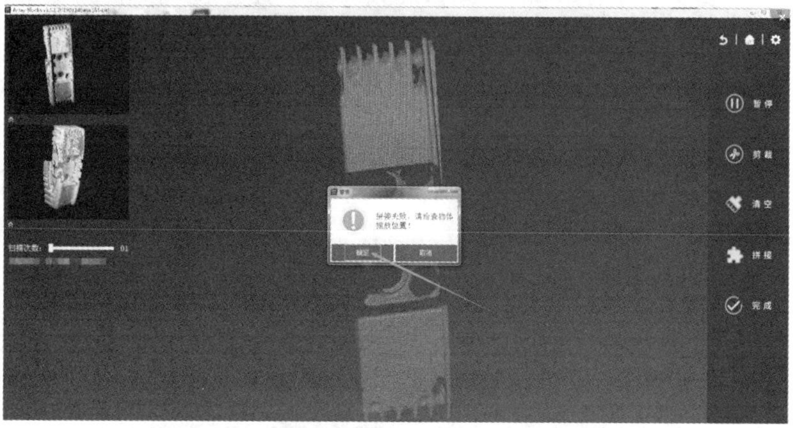

图8.58　拼接失败

(2) 先点击“移动”,将拼接错误的两个数据分开,点击左下角的“√”确定已经分开(图8.59和图8.60)。

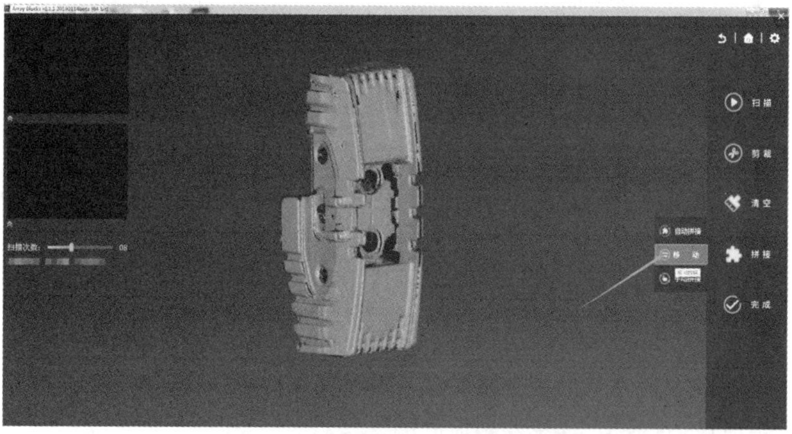

图8.59　移动

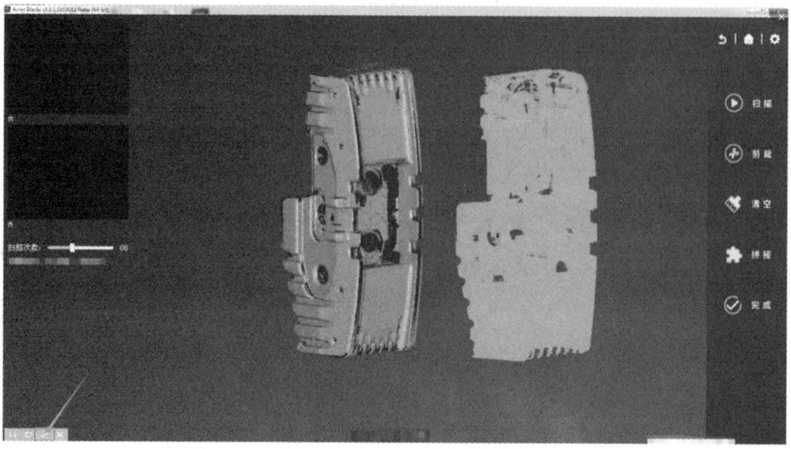

图8.60　将拼接错误的两个数据分开

(3) 然后点击“手动拼接”,在两个数据上选取3个共同点,如图8.61所示,点A0对应点R0,点A1对应点R1,点A2对应点R2,点击左下角的拼接按钮,软件根据选择的点自动拼接;若拼接正确,则点击左下角的“√”确认手动拼接完成(图8.61至图8.65)。

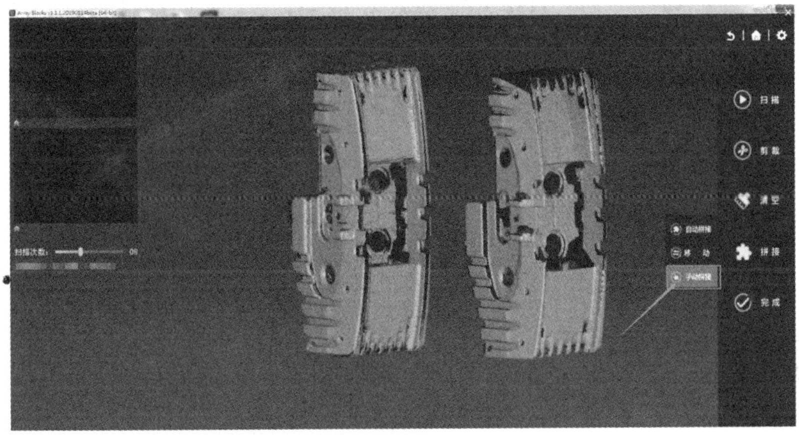

图8.61 手动拼接

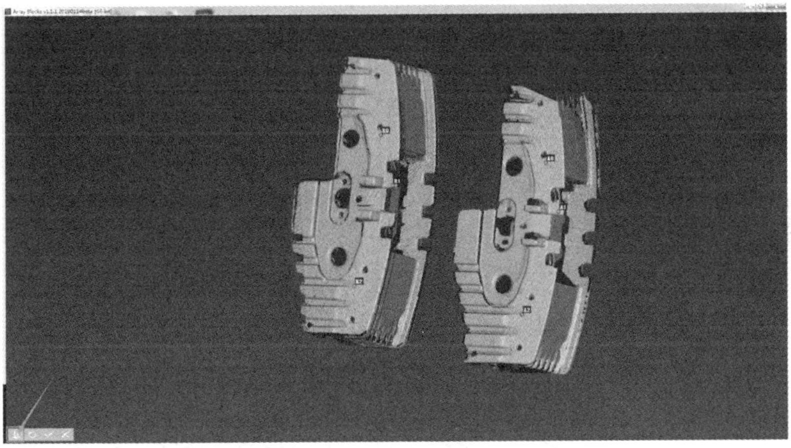

图8.62 点击拼接按钮

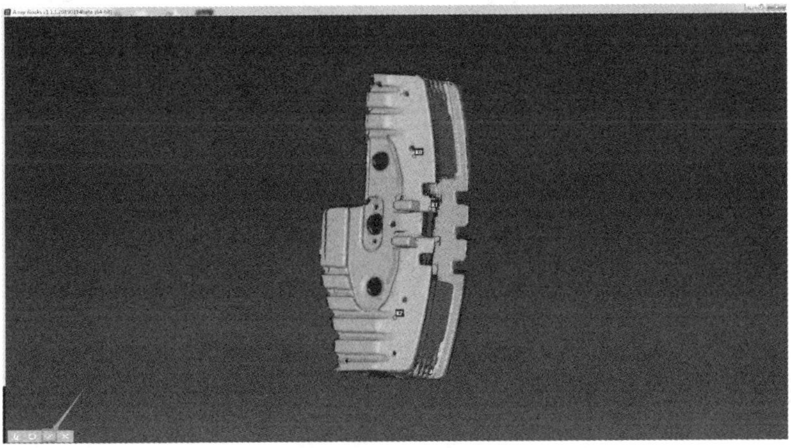

图8.63 确认手动拼接

项目9　桌面精密数显台钻的使用

【机器结构】

桌面精密数显台钻结构示意图如图9.1所示。

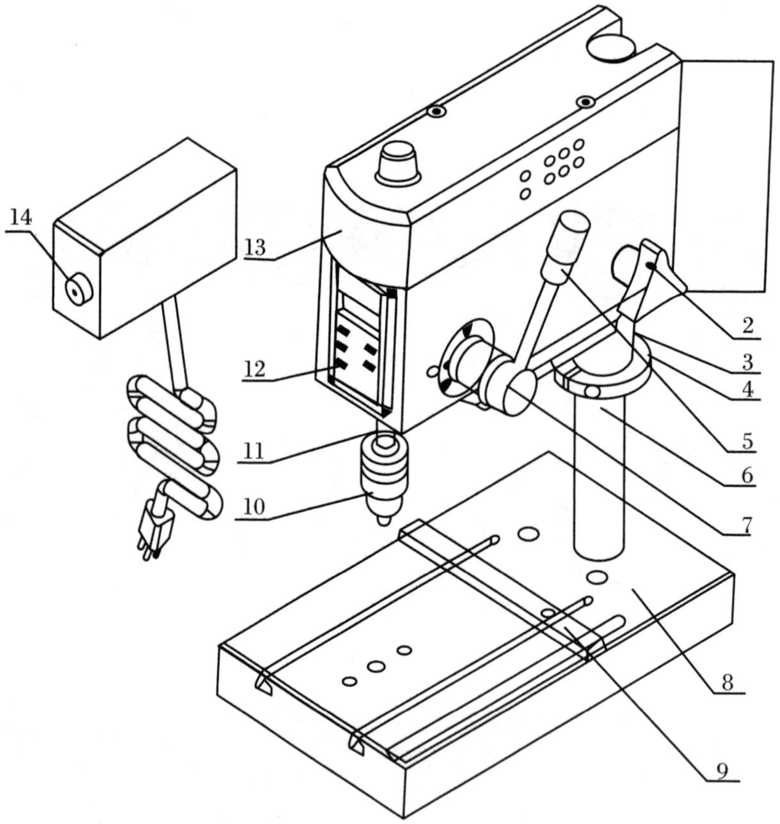

图9.1　桌面精密数显台钻结构示意图

1. 主轴箱体	6. 立柱	11. 主轴
2. 星形手柄	7. 手柄座	12. 数显器
3. 垫圈	8. 底座	13. 上盖
4. 抱箍	9. 平行片	14. 电源开关
5. 进给手柄	10. 钻夹头	

【机器安装】

(1) 先按图9.1所示将底座(8)和立柱(6)扶正,将抱箍(4)和垫圈(3)固定于立柱上适当的位置。

(2) 将星形手柄(2)插入主轴箱体孔中。

(3) 握住主轴箱体(1),将孔与立柱对准后放入,注意调整星形手柄(2)套中两个紧定块上的圆弧缺口大小与立柱孔方向一致时,立柱方能顺利进入主轴箱体。锁紧星形手柄(2),使主轴箱体(1)固定于立柱(6)上。

(4) 将钻夹头(10)略用力推入主轴下端锥柄,再转动钻夹头看是否紧固。把进给手柄(5)装入手柄座(7)中,用所提供的扳手旋紧。

安装示意图如图9.2所示。

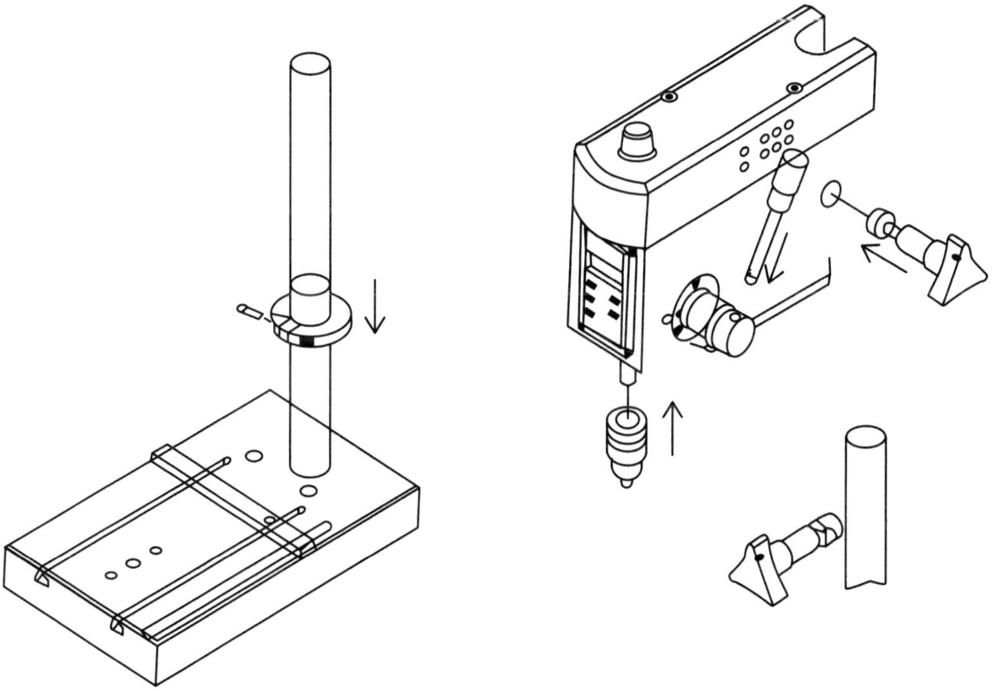

图9.2　安装示意图

【操作步骤】

1. 主轴箱体(1)的限位

松开内六角螺钉即可调整抱箍(4)和垫圈(3)在立柱上的高度,从而可对主轴箱体(1)限位,防止在上下移动主轴箱体(1)时突然下落而造成的损害。

2. 调节主轴箱体的高度

松开星形手柄(2),移动主轴箱体(1)上下,使钻头和工作面上端有适当的距离。如果你要钻穿工件,先要确定钻头能通过底座上的孔,以免损伤底座(8)的工作面。

3. 调节主轴转速

钻孔大小不同或工件材料的不同,所需的转速也不同。一般说来,硬材料和大孔,所需速度要慢一些。软材料和小孔,需要快一些的转速。为了改变转速,用所提供的螺丝旋具松开上盖(13)上的两个螺钉,打开上盖移动皮带。先把皮带移到小带轮一端,然后,转动带轮轴,重新设置另一端大带轮。在重新安装上盖和转动电机前,检查带的松紧。通过调节小带轮边的两个螺母,可调节皮带的松紧(图9.3)。

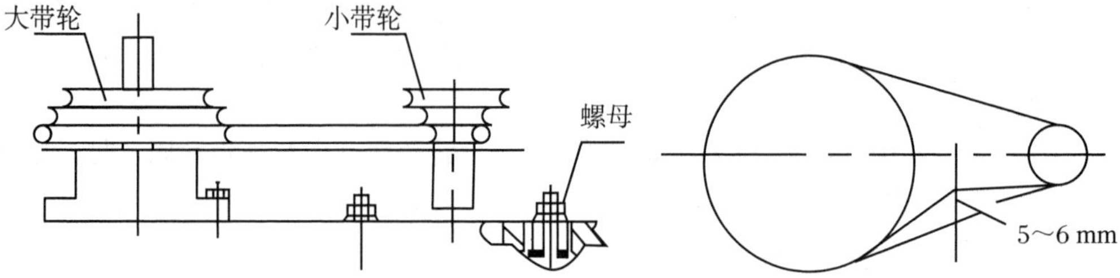

图9.3　主轴转速调节

4. 数显器

钻孔时,先按下"ON/OFF"开关按钮,然后按"ZERO"零位键,若需要公英制转换,可按"mm/in"进行互换。不管手柄处于何位置,均可清零和公英制互换再进行钻孔。使用"plus(加)""minus(减)"可在任意位置对显示屏上的数据进行修改。当显示不正常(如不显或闪烁)时,表明电池供电不足,应更换电池。按箭头方向推开电池盖,取出电池进行更换。电池为锌银扣式电池,电压1.55 V。更换结束后,按相反方向装上电池盖(图9.4)。

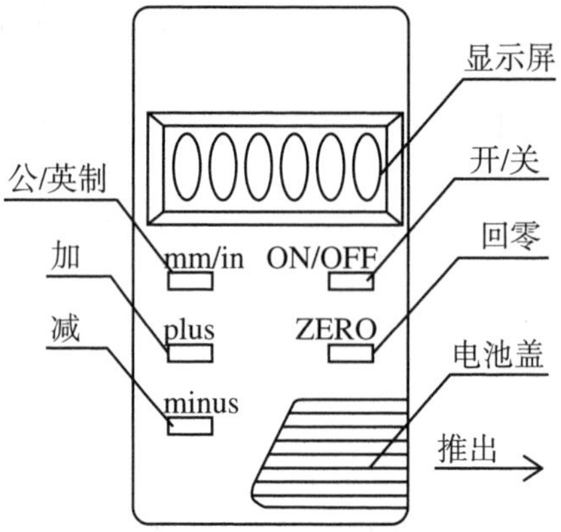

图9.4　数显器示意图

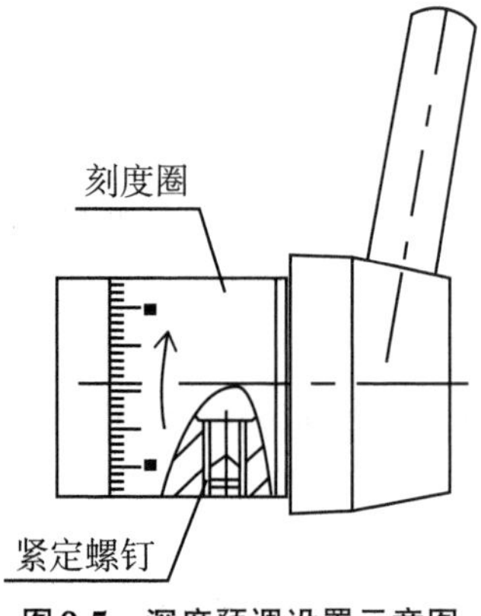

图9.5　深度预调设置示意图

5. 设置深度预调

当需要设定钻孔深度时,按如下步骤操作:

(1) 先旋转手柄杆上的刻度圈"0"位与盘簧座上的"0"位对齐。

(2) 根据刻度环上标识的数值,计算出所需的刻度数。顺时针旋转刻度环,至所需刻度,再用内六角扳手拧紧刻度圈上的紧定螺钉,使刻度圈不好继续旋转。

(3) 钻孔时,转动进给手柄,到刻度圈回复"0"位,将无法再下压,此时所要求的深度就已经被钻出了。

深度预调设置示意图如图9.5所示。

参考文献

[1] 郗安民.金工实习[M].北京:清华大学出版社,2009.

[2] 孙文志,郭庆梁.金工实习教程[M].北京:机械工业出版社,2021.

[3] 王万强.金工实习[M].2版.西安:西安电子科技大学出版社,2022.

[4] 郭建斌,庄曙东,曹宜,等.图解金工实习[M].2版.北京:中国水利水电出版社,2023.